Klaus Egger

Überzeugende Reden und Vorträge halten

Klaus Egger

Überzeugende Reden und Vorträge halten

REDLINE | VERLAG

Bibliografische Information der Deutschen Nationalbibliothek

Die Deutsche Nationalbibliothek verzeichnet diese Publikation in der Deutschen Nationalbibliografie. Detaillierte bibliografische Daten sind im Internet über http://dnb.d-nb.de abrufbar.

ISBN 978-3-86881-026-4

Unsere Web-Adresse:
www.redline-verlag.de

Redaktion: Momo Evers, Halle an der Saale
Umschlaggestaltung: ZERO Werbeagentur GmbH, München
Satz: Jürgen Echter, Landsberg am Lech
Printed in Austria

Inhalt

1. Einstimmung

Was macht eine gute Rede aus? Ist es die raffinierte, klare, pointiert ausge-schmückte Sprache selbst, die uns in ihren Bann schlägt? Oder der wortgewal-tige Redner, der auch einmal mit der Faust auf das Rednerpult schlägt? Der »Guru«, an dessen Lippen wir kleben, dessen Worte uns aus der Seele zu spre-chen scheinen und dem wir überall hin folgen würden? Wie ist es möglich, dass eine Rede die Massen bewegt, obschon wir doch alle Individuen sind, ein je-der von uns einzigartig? Wie kann es sein, dass die Worte eines Einzelnen viele überzeugen – den Realisten, den Skeptiker, den Träumer? Wie gelingt es uns selbst, unsere Zuhörer zu einem Teil unserer Vision werden zu lassen, sie zu be-zaubern, zum Schweigen zu bringen, zum Weinen, zum Lachen? In ihnen Wut zu wecken, Verzweiflung, Euphorie, Furcht oder Mitgefühl?

Sie haben Glück: Die Antworten auf diese Fragen sind leicht – und die Um-setzung dieser Antworten ist mit etwas Ausdauer und Geschick erlernbar.

Eine gute Rede braucht dreierlei: den richtigen Redetext in der richtigen Redesituation mit definierter Zielgruppe, vorgetragen von der richtigen Person. Nur wenn alle drei Komponenten zusammenspielen, wird eine Rede ihre ge-wünschte Wirkung entfalten. Anders gesagt: Eine für Barack Obama konzipierte Rede mag in der Auswahl der für ihn geeigneten Stilmittel die Massen bewe-gen. Würde die deutsche Bundeskanzlerin Angela Merkel sich in einem ähn-lichen Kontext derselben Elemente bedienen, würde sie mit großer Sicherheit unglaubwürdig wirken. Die gewählten Stilmittel müssen zur Person der oder des Vortragenden passen – und Angela Merkel ist ein gänzlich anderer Mensch als Barack Obama. Sicherlich könnte auch sie mithilfe von Beratern auf ein ähn-liches Pferd wie Obama setzen – aber warum sollte sie dies tun? Ihr stehen an-dere Stilmittel besser – und die sind deshalb nicht weniger überzeugend.

Bleiben wir bei Obama und werfen wir einen Blick auf Redetext und Situ-ation seiner berühmten Rede »Yes, we can« am 8. Januar 2008 während des Wahlkampfes in New Hampshire. Text und Situation waren perfekt für diese An-sprache: Die Zielgruppe, seine Anhänger, wollte Hoffnung – und Obama gab ih-nen diese Hoffnung. Er vereinte seine Zuhörer mit den Stilmitteln der Einbin-dung, des konkreten Erzählens von Details und des Pathos durch Geschichten. Er verband Anhänger, Sympathisanten und sicherlich auch etliche Skeptiker zu einem Amerika, das auf Hoffnung, auch im Angesicht des Unmöglichen, gegründet wurde. Obama stellte sich und seine Bewegung in die besten Traditionen des amerikanischen Volkes, ließ das Publikum wieder an Wandel und Hoffnung und an dessen eigene Teilhabe daran glauben, so dass am Schluss vor allem drei Worte im Gedächtnis blieben: »Yes, we can«. Wahlforscher wissen es schon lange: Es sind nicht unbedingt die Sachthemen, die eine Wahl entscheiden, sondern Sympathie, Emotion, Vertrauen, Ängste und die Sehnsüchte der Menschen. Diese Rede hatte also vor allem etwas Vereinendes. Die gleiche Rede, wäre sie am 11. September 2001 im Zusammenhang mit dem Anschlag auf das World Trade Center gehalten worden, hätte nicht funktioniert. Wieso? Weil die damalige Situation eine Führungsrede brauchte. In dieser extremen Situation hätte ich als Zuhörer nicht hören wollen, was WIR gemeinsam erreichen können, was WIR tun müssen, um einen Wandel hervorzurufen. Zu diesem Zeitpunkt wäre und ist wichtiger gewesen: Was kann der Redner für mich tun? Wie kann er mich in Anbetracht des Grauens, dem ich mich hilflos ausgeliefert fühle, schützen? Welche Schritte unternimmt er konkret und welche Zukunft habe ich noch?

Dieses Buch befasst sich mit allen drei Komponenten: dem richtigen Redner, dem richtigen Text für den richtigen Adressaten und der richtigen Situation. Ich zeige Ihnen, wie Sie eben diese Faktoren für Ihren persönlichen Redeanlass ausloten und dieses Wissen in Ihrem Sinne zielführend nutzen können.

Erfolgreich arbeiten mit diesem Buch

Das Buch macht Sie fit für die Praxis und beschränkt den theoretischen Hintergrund rund um die Kunst der Rhetorik auf ein absolutes Minimum. Schon der Römer Marcus Tullius Cicero (106 v. Chr – 43 v. Chr.) wusste vor rund 2000 Jahren: »Reden lernt man nur durch Reden.« Noch heute gilt: Wer souverän und selbstsicher eine Rede oder einen Vortrag über ein Thema halten kann, dem traut man auch zu, in ebendiesem Thema einen Expertenstatus zu besitzen. Auf diesem »Trick« etwa basieren Bewerbungs-, Akquise- oder Verkaufsgespräche: Wenn ich es schaffe, mit meiner Rede zu überzeugen, überzeuge ich mein Gegenüber mittels meiner dergestalt präsentierten Kompetenz auch für das Produkt. Provokativ gefragt: Wieso wird so oft dem Professor an der Uni weit unaufmerksamer zugehört, als dem rhetorisch versierten Redner, der inhaltlich vielleicht sogar viel weniger zu bieten hat? Weil es eben nicht nur auf das Wissen im Kopf des Redners ankommt, sondern auch darauf, wie gut er dieses Wissen vermitteln kann!

Obschon eine Rede stets individuell ausgearbeitet und vorgetragen werden muss, folgt die Herangehensweise an die Vorbereitung doch immer dem gleichen Muster:

- Art der Rede wählen,
- erste Recherche,
- Zielgruppe und Hauptbotschaft,
- Grobstruktur,
- Feinschliff,
- Einstudieren der Rede,
- Vorbereitung des Redners auf den Auftritt.

Diesem Muster folgen auch die Kapitel dieses Buches und führen Sie somit schrittweise zu Ihrem Ziel. Das letzte Kapitel schließlich beschäftigt sich mit Schwierigkeiten, die Ihnen auf den letzten Metern – auf der Bühne und beim Vortragen selbst – begegnen können und zeigt, wie Sie diese meistern.

Die moderne Rhetorik

Das Wort Rhetorik kommt aus dem Griechischen und bedeutet »Redekunst«. Ihre Wurzeln hat die Rhetorik, wie wir sie heute kennen, in den Stadtstaaten des antiken Griechenlands, wo männliche Bürger einst durch Redebeiträge Einfluss auf politische Entscheidungen nehmen konnten. Wem es gelang, andere durch seine Redekunst von seinen Anliegen zu überzeugen, der gewann an Einfluss und konnte seine Interessen durchsetzen. Viele suchten daher Rhetoriklehrer auf und erlernten bei ihnen die Feinheiten dieser Kunst. Bereits damals entstanden erste Lehrbücher, in welchen die Regeln überzeugender Vorträge festgehalten wurden.

In den rund 2500 Jahren, die seitdem vergangen sind, haben sich zwei grundsätzliche Richtungen der Kunst der Rede herauskristallisiert und weiterentwickelt. Die allgemeine Rhetorik beschäftigt sich mit der Beobachtung rhetorischer Sprechakte, also der theoretischen Untersuchung rhetorischer Vorgänge. Teils im Gegensatz, teils als Ergänzung dazu steht die angewandte oder praktische Rhetorik, die sich mit der Übung beschäftigt – mit der Redeausbildung und dem Anwenden der rhetorischen Grundelemente.

Oft hört man heutzutage den Begriff der »modernen Rhetorik«, gern im Gegensatz zu dem der »klassischen Rhetorik« mit ihren vergleichsweise starren Regeln. Was genau diese moderne Rhetorik umfassen und was sie von ihrem Klassik-Vorgänger abgrenzen soll, ist jedoch nicht klar definiert. Sicher ist nur, dass die Hirnforschung bestätigt, dass Emotionen und bildhafte Vorstellungen unser Handeln und unsere Entscheidungen grundlegend zu lenken vermögen. Darauf bauen moderne Redner, und die meisten Techniken und Methoden der sogenannten modernen Rhetorik sind darauf ausgerichtet, Zuhörer vor allem auf der emotionalen Ebene anzusprechen und sie durch gute Unterhaltung zu begeistern. In gewisser Weise ist also die viel zitierte moderne Rhetorik vergleichbar mit dem Einpacken von Geschenken zu Weihnachten: Sie lehrt das richtige Verpacken, das Schleifenbinden und Dekorieren. Und ganz genau so, wie man zu Weihnachten den besten Inhalt im schönsten und am elegantesten verpackten Geschenk erwartet, verhält es sich auch mit der Rede: je spannender ich sie als Redner gestalte, umso strahlender funkelt mein Anliegen, umso interessanter erscheint es dem Zuhörer, umso begehrenswerter wirkt das Erreichen des vermittelten Zieles.

Hier kommt aber auch die Ethik der Rhetorik ins Spiel. Ist es legitim, das rhetorische Spiel bis zur Manipulation zu treiben? Bestimmt nicht. Aber sicher ist auch, dass es nicht die rhetorischen Stilmittel sind, die ein »sprachliches Verbrechen« begehen, sondern immer die Redner.

Praxis-Tipp
Rhetorik ist die Kunst der Verpackung, den Inhalt liefert der Redner
Was ein angehender Redner von der Rhetorik lernen kann, ist das Verpacken seiner Inhalte. Die Inhalte aber muss er selbst liefern und sich dabei bewusst sein: Ist dieser Inhalt schlecht oder betrügerisch, verkauft er sich und/oder sein Produkt wahrscheinlich nur ein einziges Mal.

Die Kunst der Rhetorik ist uns Menschen nicht angeboren, aber sie folgt stets bestimmten Regeln. Das bedeutet, dass es jedem, der Inhalte zu vermitteln hat, freisteht, diese Regeln zu erlernen und anzuwenden – vom Chef über den Abteilungsleiter bis hin zum einfachen Angestellten.

Praxis-Tipp
Rhetorik versus Dialog?
Bei dem Wort Rhetorik wird laut Definition nicht genau bestimmt, wann sie in den Bereich Dialektik (die Kunst der Unterredung, des Dialoges) abdriftet. Somit ist für viele Menschen Rhetorik gleichbedeutend mit dem Gespräch zwischen zwei Menschen. Auch wird heutzutage oftmals Rhetorik vielfach mit Kommunikation im Allgemeinen übersetzt. Die Rhetorik an sich beschreibt aber nur einen Teilbereich der Kommunikation und dabei geht es hauptsächlich um die Rede vor Publikum, also nicht um den Dialog. Wann immer ein Mensch zu mehr als zwei weiteren spricht, gelten die Regeln der Rhetorik. Natürlich aber sollte man sein Publikum stets einzubinden versuchen, eine Beziehung zu ihm aufbauen und so indirekt in den Dialog mit ihm treten (siehe Kapitel 3.5. Bauen Sie eine Beziehung zu Ihren Zuhörern auf).

Ob in den Meetings großer Konzerne, auf dem politischen Parkett oder am heimischen Esstisch: Die Spielregeln der Rhetorik gelten immer.

2. Die Vorbereitung

Um ein Ziel zu erreichen, muss man es kennen. Das gilt auch für die Redekunst. Es genügt nicht, wenn Sie mit dem Thema vertraut sind, über das Sie sprechen wollen. Es reicht auch nicht, wenn Sie nur den Anlass oder den Zuhörer benennen können. Nehmen wir einmal an, Sie möchten mit Ihren Teamkollegen über Ihre Ideen zu einem neuen Projekt sprechen. Sie sind von Ihren Ansätzen überzeugt, vermuten aber diffus, dass Ihre Gesprächspartner vielleicht etwas dagegen haben könnten. Wenn Sie nun »einfach fröhlich drauflos« reden, vielleicht sogar all Ihre Begeisterung für Ihre Ideen in Ihre Worte legen würden, ist Letzteres natürlich schon einmal ein guter Anfang. Aber wenn Sie nicht die Hürden kennen, die Sie umschiffen müssen, wenn Etappenziele und Gesamtziel Ihrer Präsentation nicht feststehen, die Argumente nicht gut gesetzt potenzielle Skepsis am richtigen Punkt entschärfen, wenn Ihrer Rede der Aufbau, die Dramaturgie, die Brillanz fehlen, werden Sie dennoch mit großer Wahrscheinlichkeit mit Ihrem Überzeugungsversuch scheitern. Anders gesagt: Einfach »irgendwie« etwas erzählen reicht bei Weitem nicht für eine gute Rede. Und noch etwas, das viele Menschen bei Reden oder Präsentationen vergessen: Sie sind Experte auf Ihrem Gebiet; Ihr Gegenüber ist das in der Regel nicht. Das KISS-Prinzip und Credo der Werbebranche gilt auch hier: Keep it sweet and simple – Gestalte es gefällig und einfach. Auch Ihr Publikum muss verstehen, worüber Sie sprechen, und je ansprechender Sie ihm Ihre Inhalte präsentieren, desto eher wird es zugreifen.

Eine gute Vorbereitung auf eine Rede ist somit unerlässlich. Diese beinhaltet:

- eine Entscheidung für die Redeart (Handelt es sich um eine Überzeugungsrede, eine Führungsrede oder eine reine Informationsrede? Möchten Sie jemanden loben oder jemandem danken?),
- eine grundlegende Stoffsammlung (Recherche) zum Thema,
- das Fokussieren der Inhalte, die Sie vermitteln wollen, auf die wesentlichen Punkte (Hilfe erhalten Sie durch einen Fragenkatalog, siehe Kapitel 2) sowie
- das Strukturieren dieser wesentlichen Punkte, das Erstellen einer Rededramaturgie.

Welche Rede darf's denn sein?

Bevor Sie mit den konkreten Vorbereitungen für Ihre Präsentation beginnen, müssen Sie sich gedanklich auf die Art Ihrer Rede einstellen. Es ist ein großer Unterschied, ob Sie jemanden überzeugen möchten, jemanden loben wollen, Trauer aussprechen müssen oder vielleicht zu einer spontanen Rede aufgefordert werden. Eine Rede hat je nach Art ihres Anlasses und ihrer Zuhörerschaft ihre eigenen Erfordernisse.

Die Überzeugungsrede

Mit fast allen Reden versuchen Redner, ihr Publikum von etwas zu überzeugen. Der Politiker etwa sucht Unterstützung für seine Vorstellung der Zukunftsgestaltung, der Chef eines Unternehmens wirbt bei seinen Mitarbeitern um Förderung der Unternehmensziele, Pfarrer oder Priester werben für ihren Glauben, Naturschützer möchten das Verhalten der Menschen ihrer Umwelt gegenüber verändern und Verkäufer ihr Gegenüber dazu bringen, ein bestimmtes Produkt zu erwerben. Obwohl die Redeanlässe grundverschieden sein können, hat die Struktur einer Überzeugungsrede einige Merkmale, die andere Reden nicht haben. Die Glieder der Argumentationskette müssen nahtlos ineinandergreifen – und eine sehr vielversprechende Art des Aufbaues für eine Überzeugungsrede ist die Folgende:

▪ Sympathie erwecken
Sprechen Sie Gemeinsamkeiten an. Der Zuhörer muss spüren, dass Sie als Redner ihn respektieren, ihn in seiner Person, seiner Leistung, seiner Lage achten und schätzen. Vermitteln Sie Ihrem Zuhörer: Ich interessiere mich für dich. Erzählen Sie, wie Sie denken und fühlen. Persönliche Gedanken verbinden viel mehr als abstrakte Aussagen. Nehmen wir nochmals Barack Obama als Beispiel, dieses Mal seine Rede vom 24. Juli 2008 in Berlin vor der Siegessäule. Im Einstieg dankte er in zwei Sätzen Institutionen und sofort danach den anwesenden Menschen. Und er fuhr fort: »Ich komme eben wie so viele meiner Landsleute nach Berlin, obwohl ich heute Abend nicht als Präsidentschaftskandidat, sondern als Bürger spreche. Als stolzer Bürger der Vereinigten Staaten von Amerika und als euer Mitbürger dieser Welt. Es ist mir bewusst, dass ich nicht so aussehe wie der Amerikaner,

der zuletzt hier gesprochen hat. [Dezent eingesetzter Humor macht sympathisch!] Die Reise die mich hierher geführt hat, war nicht unproblematisch, obwohl ich mitten in Amerika geboren bin. Mein Vater ist in Afrika aufgewachsen. Sein Vater, mein Großvater, war bei den Briten als Koch, ein Hausangestellter ...«

- Interessenlage der Hörer ansprechen

  Ihr erster und wichtigster Auftrag zu Beginn einer Rede ist, Ihre Zuhörer richtig einzuschätzen: Was interessiert sie, wo sind sie zu packen? Erst auf dieser Grundlage entscheiden Sie, wie Sie sie motivieren: Auf materieller Ebene? Auf ideeller? Oder mittels einer Mischung von beidem? Versuchen Sie, in den ersten Sätzen schon so zu formulieren, dass die Zuhörer erkennen: Sie verstehen ihre Probleme und Gefühle. Das könnte dann vielleicht so klingen: »Ungefähr 300 Menschen sind heute hier zu dieser Versammlung gekommen. 300 Menschen, die das Recht haben zu erfahren, wie es weitergehen soll. 300 Menschen, die wissen wollen, wie es um ihren Arbeitsplatz bestellt ist. Ich will und werde Ihnen heute darauf Antworten geben.«

- Glaubwürdig sein

  Wer überzeugen und motivieren will, muss als Redner glaubwürdig sein. Der Grund liegt auf der Hand: Wer selbst nicht hundertprozentig hinter dem steht, was er sagt, kann den Zuhörer auch nicht mitreißen oder gar mit seiner Begeisterung anstecken und überzeugen. Wie man als Redner überzeugt? Mit der Wahrheit zum Beispiel. Mit detaillierten Auskünften über die eigenen Pläne oder Fähigkeiten. Mit Fakten, die jederzeit nachprüfbar sind und die man daher umso glaubwürdiger vermitteln kann.

- Begeisterung wecken durch Nennung konkreter Ziele

  Begeisterung verleiht Flügel und stärkt das Selbstvertrauen. Zeigen Sie Ihren Zuhörern, wo deren Nutzen liegt, wenn sie Ihren Zielen folgen. Sie müssen es hören, schmecken, fühlen! Beschreiben Sie, wie es sich anfühlt, dieses Ziel bereits erreicht zu haben. Was sich ändern würde. Was plötzlich leichter wäre. Welche Probleme, unter denen man jetzt noch sorgenschwer das müde Haupt neigt, es mit einem Mal nicht mehr gäbe. Wo genau stehen Ihre Zuhörer nach dem Erreichen dieses Zieles? Welche konkreten Schritte liegen zwischen Theorie und Praxis? Wo können Ihre Zuhörer ansetzen, wo beginnen, wie fortfahren? Wenn Sie wirklich gut sind, werden Ihre Zuhörer sich nicht nur in Ihrer Rede wiederfinden, sondern auch anfangen wollen, das Ziel zu erreichen. Jetzt.

▦ Einwände und Kritik würdigen

Ein ewiger Quertreiber sitzt in Ihrer Zuhörerschaft? Macht beständig miss-
mutige Einwürfe und runzelt skeptisch die Brauen? Flüstert seinem Nachbarn bedeutungsschwanger zu und schüttelt bei jedem Ihrer Sätze den
Kopf? Nehmen Sie Gegenargumente in Ihre Ausführungen auf und entkräften Sie sie – aber nur die allerwichtigsten, sonst wird Ihre Rede defensiv.
Im Kapitel 2 »Der klassische Fünf-Satz in der modernen Rhetorik« und teils
in den Praxisbeispielen im Kapitel 4 sehen Sie, wie Sie mit den Gegenargu-
menten umgehen können.

▦ Klarer Appell

Reden Sie nicht um den heißen Brei herum. Sprechen Sie klar aus, wozu Sie
motivieren wollen. Sie wollen überzeugen – und Sie sollten Ihren Zuhörern
sagen, mit welchem Ziel Sie das tun. Jeder Redner, der zu anderen Menschen spricht, trägt Verantwortung. Ein guter Rhetoriker lässt Moral und
Ethik nicht außer Acht. Täte er dies, erteilte er der demagogischen Manipulation das Wort. Dass auch dies Erfolg haben kann, dafür gibt es in der
Geschichte unzählige traurige Beispiele. Einmal enttarnt, tragen Manipula-
tionen nicht länger. Und sind schon davor ein Verbrechen. Bereits die großen Redner der Antike, Sokrates, Aristoteles und Cicero, beschäftigten sich
mit der ethischen Komponente der Rede. Allen gemein war die Vorstellung,
dass »Beredsamkeit, Weisheit und tugendhaftes Leben miteinander ver-
knüpft sein müssen«. Von Aristoteles stammt das Zitat: »Dadurch, wie der
Redner erscheint, gewinnen wir Vertrauen, und das ist dann der Fall, wenn
er als rechtschaffener oder freundlich gesinnter Mensch oder als beides erscheint.«

Die Jubiläumsrede

Ganz gleich, ob es um ein Firmenjubiläum oder den runden Geburtstag eines
Verwandten geht, um die Ehrung eines Mitarbeiters oder den Studienabschluss
des Nachwuchses: Die Jubiläumsrede geht »tiefer«, kann Menschen in ihrem In-
nersten berühren. Wenn dabei die eine oder andere Träne der Rührung fließt,
ist das nicht weiter schlimm. Im Gegenteil: Mit einer Jubiläumsrede können –
und sollten – wir Menschen (oder Institutionen), die uns oder unseren Zuhörern
etwas bedeuten, hochleben lassen – auf nette, unterhaltsame Art, aber auch
bewegend, berührend. In der Praxis aber sind die meisten Jubiläumsreden zu
oberflächlich gehalten, zu allgemein. Da hören wir Sätze wie:

»Heute feiern wir in unserem kleinen Unternehmen das zehnjährige Jubiläum. Es waren viele Jahre der Arbeit, der Überstunden und der Mühen. Aber sie haben sich gelohnt! Unser Unternehmen steht und wir mit ihm!«

»Aus unbekannten Menschen sind Kollegen und auch Freunde geworden, die sich mit viel Elan für einen gemeinsamen Erfolg eingesetzt haben und noch einsetzen. Das ist sicher für uns alle ein Grund zur Freude und zum Feiern.

Deshalb möchte ich euch alle heute dazu einladen, unseren Erfolg zu feiern und einmal ausnahmsweise nicht an die Arbeit zu denken. Es wurde so viel geleistet und jetzt soll viel gefeiert werden. Ich hoffe, ihr habt alle auch sehr viel Spaß dabei und erholt euch gut, um neue Energie für die nächsten zehn Jahre zu tanken.«

Nett, aber eben nur nett. Bei Lobreden auf Kollegen, Freunde oder Verwandte werden gern Eigenschaftswörter aneinandergereiht. Das klingt dann so:

»Franz, du bist lustig und mit dir kann man immer Spaß haben. Aber wenn es darauf ankommt, bist du da und stehst deinen Mann.«

Auch das ist beliebig, wird dem Adressaten nicht gerecht und trifft nicht das Herz Ihrer Zuhörer. Zwei Wege helfen, eine Jubiläumsrede besonders wirksam aufzubauen: das Erzählen einer lustigen Anekdote oder einer Begebenheit, bei der Sie den Jubilar bewundert haben, er Ihnen ein Vorbild war.

Persönliches, Authentisches ist immer ein guter Aufhänger für eine Jubiläumsrede. Dem Jubilar gegenüber zeugt es von Aufmerksamkeit, den Zuhörern gegenüber von Ihrem aufrichtigen Interesse an und Ihrer Zuneigung zu der zu ehrenden Person. Und nicht zuletzt können wir auch am anschaulichsten, überzeugendsten und warmherzigsten von Dingen berichten, die wir selbst erlebt haben – oder von Momenten, da Dritte uns von solchen Augenblicken erzählten. Kleiner aber feiner Nebeneffekt: Die Zuhörer lernen den Belobigten ein Stück weit näher kennen. Eine solche Rede bietet Gesprächsstoff für den weiteren Abend. Vielleicht könnte das Ende Ihrer Rede sogar dazu ermuntern: Wie haben die Zuhörer den Jubilar kennengelernt? Welches ist das gemeinsame Erlebnis mit ihm, an das sie am liebsten zurückdenken?

Auch bei Reden vom Angestellten zum Vorgesetzten oder vom Sohn zum Vater etc. darf es dabei durchaus gern ein wenig »menscheln«. Je nach Art des Anlasses und des Charakters des Belobigten kann die Geschichte privaterer oder beruflicherer Natur sein. So könnte es etwa um die Nacht gehen, in der man gemeinsam und wider Erwarten eine schwierige Deadline gemeistert hat. Um einen Betriebsausflug, bei dem man zu spät zum Hotel zurückkehrte, durch ein Fenster einstieg und aus Versehen im Zimmer einer fremden Dame landete (»Ich habe gestaunt, wie schlagfertig und nonchalant du uns aus dieser Situation gerettet hast. Und da habe ich gewusst: Mit diesem Mann als Vorgesetztem können wir jedes noch so schwierige Projekt wuppen«!). Oder die »Anekdote« von jener Wanderung, auf der Braut und Bräutigam einander näher kennenlernten, die Braut sich beim Abstieg von 1500 Höhenmetern den Knöchel verletzte und erst im Tal von ihren Schmerzen berichtete und sich verarzten ließ (»Natürlich habe ich dich gefragt, wieso du nicht eher von deinen Schmerzen erzählt hast. Deine Antwort werde ich nie vergessen: ›Runter müssen wir so oder so, wieso uns beide belasten!‹ Ich war sprachlos damals – und unglaublich stolz auf dich. Und habe eines verstanden: In dir habe ich die Frau meines Lebens gefunden. Gemeinsam können wir jeden Berg bezwingen, und sei er noch so hoch. Lieber Schatz, danke, dass es dich gibt!«)

Der Kerngedanke einer guten Jubiläumsrede ist die Charakterisierung des Jubilars mittels Worten. Beschreiben Sie mit der Anekdote oder der wahren Begebenheit den Charakter des Jubilars und Sie würdigen ihn ungleich mehr, als Sie es je mit abstrakten Worten tun könnten.

Praxis-Tipp
Wendungen
Eine Jubiläumsrede, die unter die Haut geht, können Sie mit bestimmten Wendungen abschließen. Zum Beispiel:
»Ich bin dankbar, dass du mein Bruder bist ...«
»Ich bin stolz auf dich ...«
»Da hast du mir imponiert ...«
»Da habe ich dich bewundert ...«
»Da warst du mir ein Vorbild ...«
»Da habe ich was von dir gelernt ...«
Solche Sätze werden viel zu selten gesagt, und Jubiläumsreden bieten eine wundervolle Gelegenheit, jemandem DANKE zu sagen.

Die Stegreifrede

Stellen Sie sich vor, Sie sind auf einer Geschäftsversammlung. Der Chef referiert über das neue Projekt und kommt unerwartet auf einen Teilbereich zu sprechen – Ihren Bereich. Dann sieht er Sie in der Menge und sagt: »Ach, der Herr Maier ist ja auch da, da kann er uns gleich etwas über die personellen Zusammenhänge erzählen.«

Schweißausbruch, Herzrasen, feuchte Hände, trockene Kehle! Plötzlich wirft man Sie völlig unvorbereitet ins Rampenlicht. Jetzt gilt es, die Situation souverän zu meistern. Und das ist leichter, als Sie vielleicht denken mögen.

Die herkömmliche Stegreifrede kann Sie in zweierlei Situationen treffen. Direkt gesagt: Entweder Sie wissen etwas über das gewünschte Thema (wie beim obigen Beispiel) oder Sie haben im Grunde Ihres Herzens nicht wirklich eine Ahnung von der Materie – wie etwa sehr häufig bei Politikern oder hohen Wirtschaftsfunktionären der Fall, die zu allen möglichen Veranstaltungen eingeladen, dort als prominenter Gast gehandelt und als Redner herangezogen werden.

Fall 1: Sie kennen das Thema, die Materie

Der Inhalt ist für Sie kein Problem, den kennen Sie. Ihr Problem ist die Struktur, der Aufbau. Was Ihnen fehlt, ist ein schnell verfügbarer, universell einsetzbarer roter Faden, ein Spontangerüst für Ihre Stegreifrede.

Die Zauberformel, die Ihnen – zumindest dann, wenn Ihnen das Thema Ihrer Rede bekannt ist – hilft, heißt:

V / G / Z
Vergangenheit, Gegenwart, Zukunft.

Verweilen Sie im Rahmen Ihres Redezeitfensters rund 80 Prozent Ihrer Redezeit in der Vergangenheit, 15 Prozent in der Gegenwart und fünf Prozent in der Zukunft.

Nehmen wir einmal an, Sie nehmen an einer Gebäudeeinweihung teil. Sie sind der Chef der Baufirma, die den größten Teil der Arbeiten durchgeführt hat. Eigentlich war ein Redebeitrag Ihrerseits gar nicht vorgesehen, aber ein anderer Redner fällt aus und der Bauherr bittet Sie spontan einzuspringen. Hier können Sie dieses Schema wunderbar anwenden, da die Rede für Ihre Gedanken eine verfolgbare Struktur hat. Sie erzählen den größten Teil (80 Prozent) von den Bauarbeiten selbst. Dabei wird es Ihnen, je nach rhetorischem Talent, besser oder schlechter gelingen, die Zuhörer zu fesseln. Nun richten Sie die sprachliche Aufmerksamkeit auf die Gegenwart (15 Prozent) und sprechen zum Beispiel von den Vorteilen, die dieses Gebäude allen bringt. Die meisten Redner hören hier nun auf. Sprechen Sie nun aber bewusst die letzten fünf Prozent von der Zukunft. Wünschen Sie den Bewohnern oder Nutzern des Gebäudes viel Glück oder geben Sie Ihre Meinung preis, indem Sie zum Beispiel betonen, wie wichtig solcherart Strukturen für die Gemeinden sind und dass Sie hoffen, dass noch einige weitere geschaffen werden. Dieser Blick in die Zukunft rundet Ihre

Rede erst richtig ab – und auch wenn Sie rhetorisch den Zuhörer nicht »gefesselt« haben, wird er die Rede als angenehm in Erinnerung behalten.

Ist die Materie in Ihren Augen zu komplex, um sie in kurzer Zeit aufzubereiten, wenden Sie einen kleinen Trick an: Beginnen Sie Ihre Rede mit einem eigenen Erlebnis zum Thema. Als Einstiegssatz könnten Sie Folgendes sagen: »Das erinnert mich an eine Geschichte ...«

Dieser Satz hilft Ihnen, mit einem persönlichen Bezug in den Redefluss zu finden ... Denn das Schwierigste bei einer Spontanrede ist immer der Anfang, das »Hineinkommen«. Den Satz »Das erinnert mich an eine Geschichte ...« können Sie sich auch denken. Wichtig ist er aber, um ein Erlebnis der Vergangenheit zu aktivieren, das mit Ihnen und dem Thema zu tun hatte. Und schon haben Sie einen Anfang (in diesem Fall einen persönlichen) gefunden. Von weiteren Möglichkeiten für einen optimalen Einstieg in eine Rede erfahren Sie im Kapitel 2 »Gliedern Sie Ihre Präsentation«.

Übung macht den Meister

Die V-G-Z-Aufteilung der Stegreifreden will geübt sein. Befinden Sie sich demnach öfter in der Situation, unverhofft zu einem Thema Stellung nehmen zu müssen, sollten Sie die V-G-Z-Methode trainieren und somit automatisieren. Schreiben Sie auf mehrere Zettelchen jeweils ein Thema, in dem Sie sich gut auskennen. Dies sollte ruhig detailliert oben stehen. Also beispielsweise nicht Sport, sondern »Formel 1«, nicht Musik, sondern »klassische Musik«, nicht Beruf, sondern »Controller«. Auf anderen Zetteln notieren Sie mögliche Anlässe, zu denen Sie zu einer Stegreifrede aufgefordert werden könnten, etwa: beim Kongress, auf der Arbeit, bei einem Geschäftsessen, bei einer Einweihungsfeier. Die Zettel mit Situationen und Themen falten Sie und geben beide jeweils getrennt voneinander in verschiedene Gläser (oder Kistchen).

Zunächst ziehen Sie eine Redesituation und versetzen sich im Geiste an diesen Ort. Dann ziehen Sie ein Thema und beginnen ohne weitere Verzögerung direkt nach dem Lesen des Stichwortes nach dem V-G-Z-Schema zum Thema zu sprechen – vier Minuten lang, gestoppt und nachverfolgt mit einer Uhr. Ihr Ziel bei dieser Übung ist nicht, eine perfekte Rede zu halten, aber sie lernen so, die zeitlichen Abläufe zu verinnerlichen, und bauen Ihre Angst vor dem freien Sprechen ab, gewinnen an Improvisationserfahrung. Denn auch dies ist einer der Punkte, die einen guten Redner ausmachen: Er kann hervorragend improvisieren.

Fall 2: Sie kennen sich in dem Thema/der Materie nicht aus

Das Gute ist: Sie sind nicht mehr in der Schule, wo der Lehrer Sie unterbrechen und Sie darauf hinweisen kann, dass Sie in Ihrem Vortrag zu weit vom gesetzten Thema abgekommen sind. Anders gesagt: Im realen Leben und Redneralltag können Sie sich in Situationen, in denen Sie vom Thema deutlich zu wenig Ahnung haben, um darüber zu sprechen, recht leicht aus der Affäre ziehen.

Die Aufgabe einer Rede ist zwar, zu informieren aber auch, zu unterhalten. Wenn Ihnen klar vor Augen steht, dass Sie zum vorgegebenen Thema mangels Kenntnis nicht informieren können, sollten Sie zumindest unterhalten. Das bedeutet: Schwenken Sie von dem Ihnen zugespielten Thema klug und möglichst organisch zu einem anderen, Ihnen vertrauteren Thema über. Jeder hat Themen, über die er leicht sprechen kann: Hobbys, Berufe, Leidenschaften. Aus diesen Bereichen etwas auszuwählen, das dem Anlass besonders gut angemessen ist, wird durch einen Blick auf Ihre Zielgruppe und das »Hineinhorchen« in die Stimmung unter Ihren Zuhörern sowie das Wissen um den Ort an dem und den Anlass zu dem Sie sprechen erleichtert. Was könnte passen? Etwas Lustiges? Etwas Ernstes? Etwas Ermutigendes? Zünftiges? Besinnliches? Zuversichtliches? Wenn Sie schon nicht den entsprechenden Redeinhalt liefern können, gelingt es Ihnen vielleicht, mit dem Treffen der richtigen Redestimmung Ihre Zuhörer noch nachhaltiger zu beeindrucken.

Wie so etwas konkret vonstattengeht? Ganz einfach: Man bittet Sie als Bürgermeister spontan zu einer Rede auf einem Abwasserkongress. Das Thema: Grundstücksentwässerung. Sie haben das Wort und greifen zunächst auf und fassen zusammen, worüber man Sie zu reden bat:

»Hier stehe ich nun. Vor mir 120 hochkarätige Experten aus der Abwasserbranche. Das Thema dieser Fachtagung ist Grundstücksentwässerung. Drei Tage haben Sie darüber diskutiert, wie wir die Bürger Ihrer Heimatstädte dazu bewegen könnten, in ihre privaten Grundstücksentwässerungsanlagen zu investieren.«

Hier kommen Sie nun nicht weiter, denn Sie haben keine Ahnung von Grundstücksentwässerung. Aber Sie haben sich selbst indirekt ein Stichwort gegeben: All diese Experten, die vor Ihnen sitzen, haben das gleiche Problem. Und sie haben versucht, es gemeinsam zu lösen. Schon haben Sie einen guten Aufhänger für Ihren Exkurs gefunden: ein Team, das sich zusammensetzt und gemeinsam ans Ziel kommt. Sie fokussieren dieses Kernthema:

»Jeder von Ihnen hat in seiner Stadt, in seiner Kommune mit den gleichen Problemen zu kämpfen, gemeinsam sind Sie der Lösung Ihres Problems in den letzten Tagen ein gutes Stück näher gekommen: durch den Austausch in Seminaren und Vorträgen, aber auch durch Gespräche untereinander. Vielleicht haben sich in den letzten Tagen sogar Kooperationen oder Kooperationsoptionen ergeben, die auch über diesen Workshop hinaus Bestand haben werden. Sicherlich haben Sie eine Menge Visitenkarten ausgetauscht und werden Sie auch in Zukunft klug zu nutzen wissen. Sie haben erkannt: Netzwerke sind ein hohes Gut und Ihr Kapital für eine erfolgreiche Zukunft.«

Jetzt sind Sie schon recht weit gekommen, denn mit Sicherheit haben Sie mit Ihrer Rede bei einigen Zuhörern auch etwas bewegen können. Sicherlich haben sich noch nicht alle Zuhörer überlegt, welche Chancen Ihnen diese Zusammenkunft auch langfristig bieten kann. Mit den Schlagworten »Netzwerken« und »gemeinsam« können Sie nun auf ein quasi beliebiges Thema Ihrer Wahl umschwenken und hierbei etwa mit dem Satz beginnen:

»Das erinnert mich an eine Geschichte …«

Nun können alle erdenklichen Geschichten folgen. Wie Sie einmal gemeinsam mit Freunden ein Achtgangmenü gekocht haben. Wie das Fußballteam Ihres Sohnes wider alle Erwartungen den Sieg errungen hat. Wie Sie selbst mit Unterstützung von Kollegen eine unmöglich erscheinende Deadline halten konnten. Wie Sie das Web 2.0 und seine Netzwerke für sich entdeckten und wie diese Ihre Arbeit bereichern. Wie Sie die Probleme mit Ihrem Hund in einer Hundeschule gemeinsam mit Gleichgesinnten meisterten. Wie Ihre Tochter in Ihrer Kindergartengruppe das erste Mal einen Konflikt in einer Gruppe löste. Und so weiter und so fort.

Jedes dieser Themen und unzählige mehr haben das Potenzial, eine stimmige Geschichte rund um das von Ihnen neu gesetzte Redethema zu erzählen: Gemeinsam ein Problem zu lösen.

Am Schluss Ihrer Geschichte greifen Sie das ursprüngliche Thema noch einmal auf und geben schließlich eine Empfehlung ab:

»Ganz genauso verhält es sich auch mit Ihnen und Ihrem Thema, der Grundstücksentwässerung. Den ersten wichtigen Schritt ist ein jeder von Ihnen bereits gegangen: Sie haben sich gemeinsam an einen Tisch gesetzt, Ihr Problem gemeinsam in Angriff genommen. Für die Zukunft wünsche ich Ihnen von Herzen, dass Sie die hier geknüpften Kontakte erhalten und Ihr Netzwerk so auch außerhalb dieser Tagung in unserer schönen Stadt XY aufrechterhalten können. Vielleicht wäre es ja eine Überlegung wert, diese Treffen alljährlich zu wiederholen? Zu schauen, wie weit man in der Praxis gekommen ist? Alte Pläne wo nötig zu überdenken und neue zu entwickeln? Vielleicht initiieren Sie auch eine gemeinsame Online-Community, in der Sie sich regelmäßig austauschen können, oder legen Ihre Werbekosten in Form gemeinsamer Kampagnen zusammen? Möglichkeiten gibt es viele. Bei all dem Enthusiasmus, der mir hier in den letzten Stunden begegnet ist, bin ich sicher: Sie werden Ihre Chancen erfolgreich nutzen – und gemeinsam einen Weg finden, die Bürger Ihrer Städte für dieses so schwierige Thema zu sensibilisieren. Dafür danke ich Ihnen – auch und ganz besonders in meiner Eigenschaft als Bürgermeister.«

Und schon ist alles in Ihrer Rede enthalten, das Sie benötigen: eine Dramaturgie, eine Geschichte, das Nennen des Themas, das Erweitern des Themas auf die emotionale Ebene (Gemeinschaft), etwas Persönliches, das Sie als Redner sympathisch macht, aufrichtiges Interesse bekundet, sich als Redner menschlich gemacht, auch etwas von sich selbst offenbart und ein Lob zum Schluss. Nahezu perfekt. Dass Sie vom Thema Grundstücksentwässerung keine Ahnung haben, hat mit 99,9 Prozent geschätzter Wahrscheinlichkeit noch nicht einmal jemand bewusst wahrgenommen.

Ein weiteres (reales) Beispiel für eine improvisierte Stegreifrede:

Almaz Böhm nimmt überall auf der Welt Spenden für Ihre Stiftung »Menschen für Menschen« entgegen. Einmal war sie in Wien bei einem Prominentenfußballspiel, um dort einen Scheck entgegenzunehmen. Das Thema war also Fußball. Frau Böhm begann ihre Rede folgendermaßen:

»Die beliebteste Sportart in Österreich ist Fußball. Schon die Kinder machen nichts lieber, als mit dem Ball im Hof zu spielen. In Äthiopien, wo ich herkomme, ist nicht Fußball die beliebteste Sportart, sondern Laufen. Aus Äthiopien kommen die besten Läufer der Welt. Wenn in Äthiopien eine Frau morgens in ihrem Dorf aufsteht, muss sie zuerst viele Kilometer laufen, um zu einem Wasserloch zu kommen. Dieses Wasser wird in einen Eimer geschüttet, der dann auf dem Kopf bis zum Dorf zurückgetragen wird. Die Menschen in meinem Land müssen laufen, um zu überleben. Wir von ›Menschen für Menschen‹ bauen Brunnen in diesen Dörfern ...«

Almaz Böhm nutzte hier den Anlass als Brücke, um zu ihrem Thema zu kommen.

Praxis-Tipp: Üben mit der Zettelchen-Methode

Auch diese Technik können Sie üben mit den bereits angefertigten Zettelchen der vorherigen Übung. Schlagen Sie die Zeitung auf und blättern Sie sie durch, bis Sie zu einem Thema kommen, das Sie irgendwie anspricht – egal, aus welchen Gründen. Das kann die Bildung der neuen Regierung genauso wie die Einweihung der neuen Kirche sein. Jetzt ziehen Sie wieder aus Ihren Gläsern mit den Zettelchen zuerst die Redesituation und dann das Thema. Nun beginnen Sie Ihre Rede mit dem Thema in der Zeitung und leiten über zu Ihrem Thema. Vergessen Sie nicht, am Ende der Rede von Ihrem Thema wieder den Übergang zu finden zu dem Thema in der Zeitung.

Recherche

Bevor Sie sich an eine Struktur Ihrer Rede herantasten, brauchen Sie Inhalte, Material. Schreiben Sie zunächst den Titel Ihrer Rede oder Präsentation auf ein leeres Blatt und notieren Sie darunter ungeordnet alles, was Ihnen zu diesem Redethema einfällt. Bewerten Sie keinen Ihrer Gedanken – schreiben Sie einfach aufs Geratewohl los.

Nehmen wir an, Sie werden aufgefordert, einen Vortrag über Controlling zu halten. Exemplarische Gedanken, die einem dazu einfallen, könnten sein:

- Wie definiert man Controlling?
- Ist die Definition zu komplex? Was heißt das in einfachen Worten?
- Welche Kennzahlen gibt es und wie ordne ich sie der Wichtigkeit nach?
- Gibt es anschauliche Beispiele aus der Praxis, wo Controlling einen Betrieb zum Erfolg gebracht hat?
- Controlling kostet Zeit? Geld? Ressourcen?
- Welcher bildhafte Vergleich passt zum Controlling?
- Wie ist mein persönlicher Bezug zum Controlling?

Jeder von uns würde zum gleichen Thema teils völlig unterschiedliche Fragen finden. Wichtig ist, dass Sie die Gedanken dieses Brainstormings nicht bewerten. Sammeln Sie einfach alles, was Ihnen dazu einfällt. Erst wenn Sie diese Fragen haben, beginnen Sie mit der »Grobrecherche«. Durchforsten Sie alle Ihnen zugänglichen Quellen wie Internet, Fachbücher, eigene Unterlagen nach Antworten auf Ihre Fragen und notieren Sie sich diese Fundstellen neben den Gedanken. Formulieren Sie noch nichts aus, gehen Sie nicht zu sehr in die Tiefe, konzentrieren Sie sich auf das Wesentliche.

Planen Sie für diesen gesamten Arbeitsschritt maximal eine Stunde ein: 20 Minuten für die Sammlung der Gedanken/das Brainstorming, 40 Minuten für die »Grobrecherche«.

Im letzten Schritt sichten Sie Ihr Material, heben Wichtiges hervor, streichen Unwichtiges und fügen vielleicht Neues hinzu. Die Fragen aus dem nächsten Abschnitt und das danach folgende Beispiel aus der Praxis helfen Ihnen dabei.

Zielgruppe und Hauptbotschaft

Suchen –Finden – Nutzen

Die Aufmerksamkeit lässt bei Zuhörern spätestens nach 20 Minuten nach. Ihre Kernbotschaft muss somit früh klar und verständlich in Ihrer Rede kommuniziert werden. Bevor Sie demnach mit der Gliederung Ihrer nun gesammelten Notizen beginnen, stellen Sie sich einige konkrete Fragen, die Ihnen helfen, Ihre Präsentation auf die wesentlichen Punkte hin einzugrenzen:

- Was ist meine Hauptbotschaft, die Kernaussage meiner Rede?
- Wen will ich überzeugen?
- Was sind die drei wichtigsten Argumente für mein Produkt/mein Anliegen?
- Was ist das Alleinstellungsmerkmal meines Produktes/meines Anliegens?
- Welches ist das stärkste Gegenargument gegen mein Produkt/Anliegen bzw. die größte Schwäche meines Produktes/Anliegens?
- Welchen konkreten Nutzen haben meine Zuhörer?
- Was wollen die Adressaten meiner Rede hören?
- Was sollen meine Zuhörer nach meiner Rede tun, was sie vorher noch nicht getan haben?

Betrachten wir die Fragen einzeln anhand eines konkreten Beispiels: Nehmen wir einmal an, Sie sind der Chefredakteur der Süddeutschen Zeitung. Im Jahr 2008 zog die gesamte Belegschaft der Süddeutschen Zeitung von der Stadtmitte in München in ein neues, modernes Bürogebäude des Süddeutschen Verlags in der Peripherie. Jetzt können Sie sich vorstellen, dass solche Umzüge nicht immer nur von Vorteil sind. Viele der Mitarbeiter mögen die alten Gebäude und die Bequemlichkeit, ihre Büros in der Innenstadt zu haben. Ihre Aufgabe als Chefredakteur ist es nun, bei der Eröffnung emotionale Bindung an die alte Arbeitsstätte irgendwie zu behandeln und die Mitarbeiter zu motivieren, im neuen Haus ihre Arbeit mit altem Elan wieder aufzunehmen. Bei der Veranstaltung ist natürlich jede Menge Polit- und Wirtschaftsprominenz anwesend und Sie müssen in Ihrer Rede aufpassen, nicht in eine Rechtfertigungshaltung gegenüber den Mitarbeitern zu geraten. Schließlich gibt es bei jeder Neuerung Personen, die damit Probleme haben. Sie wollen das Thema aber trotzdem ansprechen und so ein wenig motivieren. Somit müssen Sie Ihre Argumente für das neue Bürogebäude »indirekt« verpacken.

Bedenken Sie, dass selten eine Rede alle Fragen auf gleiche Art und in gleicher Intensität beantworten kann. Wenn Sie eine Rede entwerfen, wird es immer Punkte geben, die bei genau dieser Rede mehr zur Geltung kommen müssen. Auch bei dieser Übungsrede ist das nicht anders.

■ Was ist meine Hauptbotschaft, die Kernaussage meiner Rede?

Finden Sie den zentralen Gedanken, der hinter Ihrer Rede steckt. Nur so können Sie Abschweifungen und Allgemeinplätze vermeiden. Wichtig ist, dass Sie diese Kernaussage auf zwei bis maximal drei Sätze reduzieren. Die Kernbotschaft finden Sie, wenn Sie folgende vier Rahmeneckpunkte ermittelt haben:

Redner – Publikum – Redeanlass – Redesituation
Redner: Es ist ein Unterschied, ob Sie Chef sind oder Mitarbeiter. Es ist ein Unterschied, ob Sie Gratulant oder Jubilar sind. Machen Sie sich ein konkretes Bild von der »Rolle«, die Sie bei Ihrer Rede spielen müssen.
Publikum/Zielgruppe: Wer ist das Publikum? Die Kollegen, Freunde, Vorgesetzten?
Redeanlass: Bei einer Trauerrede spricht man anders als bei einer Jubiläumsrede.
Redesituation: Wie ist die sachliche Einschätzung des Redethemas durch Sie als Redner? Schätzen Sie die Aussichten des Unternehmens positiv oder negativ ein? Ist das Redethema Anlass zum euphorischen Feiern oder zum stillen Nachdenken?

Sobald Sie diese vier Punkte beantwortet haben, können Sie Ihre zentrale Botschaft niederschreiben. Sie ist das Ziel Ihrer gesamten Rede. Es liegt auf der Hand: Erst wenn Sie selbst diese Botschaft kennen, sind Sie überhaupt in der Lage, Ihre Fakten und Argumente richtig zuzuordnen.

Praxis-Tipp: Ohne Kernbotschaft geht es nicht
Sie haben wenig Zeit für die Vorbereitung Ihrer Ansprache? Die Zeit, Ihre Kernbotschaft herauszuarbeiten, müssen Sie sich dennoch nehmen. Fakten, Pläne und Überlegungen lassen sich im Zweifelsfall noch vergleichsweise leicht um eine Kernbotschaft herum gruppieren. Ohne klar definiertes Redeziel allerdings gerät Ihre Rede allzu schnell aus dem Ruder und wird zu einer Aneinanderreihung von Worten ohne Ziel und Botschaft.

Die Botschaft im Falle unseres Übungsbeispieles lautet: Die Energie des alten Gebäudes wird uns zu Höchstleistungen im neuen Gebäude führen.

- Wen will ich überzeugen?

Es ist ein Unterschied, ob es nach Ihrer Rede zu einer Abstimmung kommt, wo das ganze Publikum entscheidet, oder ob im Publikum mehrere Personen sitzen, die nachher über Ihr Anliegen befinden.

In unserem konkreten Beispiel sind es die Mitarbeiter, die Sie mit Ihrer Rede motivieren möchten.

- Was sind die drei wichtigsten Argumente für mein Produkt/mein Anliegen?

Sortieren Sie Ihre Argumente der Wichtigkeit nach.
Im Beispiel könnten dies sein:
Das neue Haus bietet mehr Arbeitskomfort.
Das neue Haus ist über die Autobahn besser erreichbar.
Das neue Haus bietet viel mehr Platz.

- Was ist das Alleinstellungsmerkmal meines Produktes/meines Anliegens?

Gibt es etwas, das nur Ihr Produkt hat? Etwas, das Sie besser machen als alle anderen?

In unserem Fall ist es ein positives Merkmal des Verlages, neue und moderne Wege zu gehen. Der Süddeutsche Verlag bleibt nicht stehen, sondern entwickelt sich stetig weiter.

- ▣ Welches ist das stärkste Gegenargument gegen mein Produkt/Anliegen bzw. die größte Schwäche meines Produktes/Anliegens?

Natürlich sollen Sie in Ihrer Rede selbst nicht der Reihe nach erzählen, welche eventuellen Nachteile Ihr Produkt haben könnte – aber Sie müssen diese als Redner kennen. Wenn das Produkt zum Beispiel teurer ist oder aus ganz bestimmten Gründen längere Lieferzeiten als das der Konkurrenz hat, ist es nicht unwahrscheinlich, dass diese Schwachstellen auch Ihren Zuhörern bekannt sind. Somit ist es an Ihnen, nicht zu warten, bis Ihre Zuhörer Ihnen ins Wort fallen oder sich ihren Teil denken, sondern offensichtliche Punkte selbst aufzugreifen und zugleich zu entkräften. Nur wenn sie die Schwächen Ihres »Produktes« kennen, haben Sie die Chance, im Vorfeld Gegenargumente zu sammeln und im Ernstfall einen vermeintlichen Nachteil positiv darzustellen.

In unserem Übungsbeispiel liegt der Nachteil auf der Hand: der Umzug selbst, von dem viele der Mitarbeiter gelinde gesagt nur mäßig begeistert sind. Hier setzen Sie als Redner an und fragen sich: Was stört die umzugsunwilligen Mitarbeiter eigentlich wirklich? Vermutlich ist das nicht der Umzug selbst, sondern der »Verlust« des alten Hauses und die damit gekoppelten Emotionen. Hier können Sie als Redner ansetzen, indem Sie diese Gedanken aussprechen: »Ich weiß, wie einigen unter uns zumute sein muss. Auch ich vermisse gewisse Eigenheiten und Angewohnheiten, die mit dem alten Haus verbunden waren. Und doch ...«

- ▣ Welchen konkreten Nutzen haben meine Zuhörer?

Den konkreten Nutzen müssen Sie zentral in Ihrer Rede herausarbeiten und im Fazit noch einmal wiederholen. Kann der Zuhörer nach dem Kauf Ihres Produktes besser schlafen? Gewinnt er täglich 30 Minuten mehr Zeit? Allgemeinplätze wie »Dann fühlen Sie sich entspannter« sind hier nicht genug. Werden Sie konkret: »Mit Produkt XY können Sie jeden Morgen vor der Arbeit fünf Minuten entspannen und haben so spürbar mehr Kraft für den ganzen Tag gewonnen.«

In unserem Beispiel ist der konkrete Nutzen der erhöhte Arbeitskomfort im neuen, auf die Bedürfnisse des Verlagshauses abgestimmten Umfeld. In der Rede könnte das folgendermaßen formuliert werden: »Und während ich so in meinem Büro saß und über diese Dinge nachdachte, bemerkte ich plötzlich die Ruhe. Eine Ruhe für meine Gedanken, die ich so nie hatte, da die Wände in unserem alten Gebäude ja mehr aus Papier als aus Beton gemacht zu sein schienen. Und an meinen Füßen herrschte auf einmal keine Zugluft mehr. Habt Ihr es schon bemerkt, die Türen hier dichten komplett ab.«

■ Was wollen die Adressaten meiner Rede hören?

Versetzen Sie sich in die Lage der Zuhörer. Was würden Sie selbst gern hören? Oder vielleicht wollen Sie gar nichts mehr hören, weil die anstehende Rede die letzte kurz vor der Mittagspause ist?

Die Bedürfnisse und Vorlieben der Zuhörer abzuschätzen, ist der schwierigste Punkt bei der Vorbereitung einer Rede. Versuchen Sie hier, alle Informationen zu sammeln, derer Sie habhaft werden können. Je mehr Sie über die Situation/Stimmung wissen, in der Sie Ihre Zuhörer zu Beginn Ihrer Rede vorfinden werden, desto publikumsorientierter können Sie agieren – und desto eingängiger überzeugen.

In unserem Übungsbeispiel nehmen wir an, dass die Mitarbeiter gar nicht viel erwarten. Auch ist die Rede ein Teil der Eröffnung und niemand rechnet hier mit einer großartigen Enthüllungs- oder Motivationsrede. Schließlich ist dem Umzug auch nichts mehr entgegensetzen. Der Punkt kann somit nur mit der Definition des Verhältnisses der Mitarbeiter zu Ihrem Chefredakteur beantwortet werden.

■ Was sollen meine Zuhörer nach meiner Rede tun, was sie vorher noch nicht getan haben?

Gilt es nach Ihrer Rede abzustimmen? Sollen die Zuhörer sich irgendwo einschreiben? Können Sie Ihr Produkt direkt nach der Veranstaltung erwerben? Nur wenn Sie wissen, was Ihre Zuhörer tun sollen, können Sie in Ihrer Rede Handlungsanreize schaffen und diese im Finale in konkrete Handlungsenergie kanalisieren (mehr hierzu in Kapitel 2 »Der klassische Fünf-Satz in der modernen Rhetorik«).

In unserem Übungsbeispiel möchten Sie, dass die Mitarbeiter dem neuen Arbeitsplatz nun positiver gegenüberstehen, sich motiviert an die Arbeit machen und sich im Idealfall darüber freuen, dass ihr Arbeitgeber klug und umsichtig im Sinne von Mitarbeitern und Unternehmen geplant und entschieden hat.

Exemplarisch könnte die nunmehr am Reißbrett entwickelte Rede für die Mitarbeiter der Süddeutschen Zeitung etwa wie folgt aussehen:

»Alle Menschen müssen sterben«, meinte Boileau einst am Hofe Ludwigs XIV. Als der Sonnenkönig ihn daraufhin scharf ansah, korrigierte sich Boileau sofort: ›Fast alle Menschen, Sire, fast alle!‹

Praxis-Tipp: Argumente nicht auswalzen

Wälzen Sie Ihre Argumente nicht immer lang und breit aus. Oft ist es sinnvoller, sie eher nebenbei oder nur mit einem einzigen gut gelungenen Satz einfließen zu lassen. Zitate, Pointen oder Aphorismen können hierbei ein gutes Hilfsmittel sein. Wenn Sie zum Beispiel als erfolgreicher Autor den jungen Schreiberlingen beibringen möchten, dass jeder einmal klein anfängt und die ersten Werke nicht unbedingt Bestseller werden müssen, können Sie dies natürlich ausschweifend erklären. Treffender bringen Sie es auf den Punkt, wenn Sie folgende Aussage verwenden: »Alle reden von Bestsellern. Dass es Nonseller gibt, erfährt man erst als Autor. Sie, liebe junge Autoren, stehen am Beginn Ihrer Karriere ...«

Unsterblichkeit ist ein Wunsch, den wir alle irgendwo im Herzen tragen, auch wenn die wenigsten von uns es wahrscheinlich zugeben würden. Doch gilt dies auch für ein Gebäude?

Am 6. Oktober 1945 erschien die erste Ausgabe der Süddeutschen Zeitung, im Haus in der Sendlinger Straße. Mehr als sechs Jahrzehnte lang wurde die Tageszeitung mitten in der Innenstadt von München produziert.

›Das alte Haus‹, wie viele von uns es liebevoll nannten, kam mir manchmal vor wie ein Korallenriff. Und wie arbeiteten wir in diesem Korallenriff? Nun, wir schwammen herum. Von der Sendlinger Straße, wo das schöne Haupthaus stand, vorbei am Verwaltungsbau am Färbergraben zur Hotterstraße, wo allerlei Notbehelfe einquartiert waren. Ein Riff, in dem gearbeitet wurde, und zwar nicht nur mit dem Geist. ›Dreißig Jahre, und kein Tag ohne Baustelle‹, erzählen uns ältere Kollegen.

Und ein paar der Kammern in diesen Häusern waren so winzig, dass wir, um im Sommer nicht zu ersticken, stündlich zum Luftholen die Fenster weit aufreißen mussten. Die Menschen auf der Straße blickten dann oft erstaunt zu uns empor und fragten sich vielleicht, ob es schon so schlecht um unseren Verlag bestellt sei, dass dessen Mitarbeiter aus den Fenstern springen müssten. Glücklicherweise war dies nicht der Fall!

Kein Platz, keine Luft zum Atmen, das war auch im Kopierraum so. Gut, die Effizienz, die Schnelligkeit beim Kopieren war unglaublich gut, schließlich hielt es ja keiner länger als fünf Minuten aus in dem kleinen Raum.

Ja, es war nicht immer leicht, das Arbeitsleben in der Sendlinger Straße. Und doch – heute habe ich mich das erste Mal in Ruhe, alleine, in meinem Bürosessel im 17. Stock unseres neuen Domizils im Kreis gedreht. Die Wände mit den neuen Bildern angeschaut. Die Hände auf die Glasplatte des Schreibtisches gelegt und irgendwie etwas vermisst. Und dann habe ich mich gefragt, was das sein könnte? Was genau vermisse ich?

Der Anfahrtsweg kann es nicht sein. Schließlich brauche ich sage und schreibe 25 Minuten weniger hierher als ich zum ›alten Haus‹ gebraucht habe. Die nahe Lage zur Autobahnausfahrt macht's möglich. Also muss es etwas anderes sein. Nicht wenige von unseren Kollegen meinen, die Qualität der Artikel, der Zauber der Sprache in den gedruckten Zeilen, hänge auch irgendwie mit diesem alten Haus, mit diesem Korallenriff zusammen. Mit einer Art positiver Energie … Und ich fragte mich: Stammt die Energie eines Raumes vom Gebäude oder von den Menschen, die in den Räumen arbeiten? Stammt die Energie eines Raumes vom Holzfußboden oder vom gedanklichen Schweiß, der diesen tränkt? Stammt die Energie eines Raumes von der Größe des Raumes oder von der Geborgenheit, die dieser ausstrahlt?

Die Verbindung Mensch-Gebäude ist eine wahrhaft philosophische, ja vielleicht schon mystische Anschauung. Ich überlasse diese Überlegungen gern den Kollegen vom Feuilleton, die hiermit auch meine Erlaubnis haben, in der nächsten Ausgabe darüber zu schreiben.

Und während ich so in meinem Büro saß und über diese Dinge nachdachte, bemerkte ich plötzlich die Ruhe. Eine Ruhe für meine Gedanken, die ich so nie hatte, da die Wände in unserem alten Gebäude ja mehr aus Papier als aus Beton gemacht zu sein schienen. Und an meinen Füßen herrschte auf einmal keine Zugluft mehr. Habt Ihr es schon bemerkt, die Türen hier dichten komplett ab.

Und da saß ich dann, in meinem neuen Sessel, und stellte das Foto meiner Familie auf den Schreibtisch und den Füllfederständer aus Holz, den mir mein Sohn gemacht hat. Und dann kamen all die anderen Sachen, die mich nicht nur mit meinem Privatleben, sondern auch mit ›dem alten Haus‹ verbanden.

Und da erinnerte ich mich an meinen Physikprofessor an der Uni, Professor Meltzer. ›Energie kann niemals verloren gehen, sie kann nur umgewandelt werden.‹

Boileau mag ein alter Schmeichler gewesen sein oder um sein Leben gefürchtet haben, als er dem Sonnenkönig antwortete, nicht alles sterbe komplett. Aber in gewisser Weise hat er mit dieser Antwort dennoch recht. Es liegt an uns, ob wir die Energie des ›alten Hauses‹ mitnehmen und sie hier, in der Hultschiner Straße, neu aufleben lassen.

Danke.«

Gliedern Sie Ihre Präsentation

Nun sind Sie schon einmal einen guten Schritt weiter: Sie haben Material gesammelt, sortiert und verdichtet und kennen nun nicht nur das Ziel, sondern auch die Inhalte, die Sie in Ihrer Rede vermitteln möchten. Was Ihnen jetzt noch fehlt? Ganz klar: eine Struktur. Möglichst eingängig sollte sie sein und es den Zuhörern leicht machen, Ihren Worten zu lauschen und Ihren Inhalten zu folgen.

Natürlich gibt es unzählige Möglichkeiten, eine Präsentation aufzubauen, doch ist ihnen eines gemeinsam: Sie alle haben einen Anfang, einen Mittelteil und einen Schluss. Das klingt profan? Ist es aber nicht. Es ist vielmehr die erste Grundstruktur Ihrer Rede.

Anders gesagt: Sie sollten nicht mit dem Ende beginnen und Ihre Hauptargumente nicht erst gesammelt am Schluss ins Feld führen.

Mark Twain war der Überzeugung: »Eine gute Rede hat einen guten Anfang und ein gutes Ende und beide sollten möglichst dicht beieinander liegen.« Bevor wir uns nun unterschiedlichen Gliederungsformen zuwenden, kehren wir noch einmal zur Basis zurück: Was macht generell einen guten Anfang aus, was einen guten Mittelteil und was einen guten Schluss?

Der Anfang

Der Anfang ist der Händedruck des Redners. Wenn wir beim Guten-Tag-Sagen nur einem schlaffen Nichts die Hand schütteln, sind die Beziehungen zu unserem Gegenüber zwar nicht abgebrochen, doch es muss einiges geschehen, um diesen unsympathischen ersten Eindruck auszubügeln. Vergleichbar geht es dem Redner, der seine Gedanken lasch, unkonzentriert und allgemein zu entwickeln beginnt.

Die Aufgabe des Anfangs ist, die Aufmerksamkeit des Publikums zu gewinnen. In der Regel fiebern die Besucher einer Veranstaltung nicht mit hoher Anspannung dem Anfang der Rede entgegen. Stattdessen hängt jeder Zuhörer seinen eigenen Gedanken nach: »Es gab wieder Krach mit den Kollegen«, »Der Sohn droht sitzen zu bleiben« oder »Das Auto ist riskant geparkt«. Andere blättern in der Zeitung oder dem Veranstaltungsprogramm oder plauschen mit dem Nachbarn. Die individuellen Gedanken und Regungen zurückzudrängen und nach Möglichkeit jeden Zuhörer in den Sog der Gedanken des Redners zu ziehen, das muss der Anfang schaffen.

Was ein guter Einstieg leisten muss:
- originell sein, also Fantasie und Imagination anregen,
- keinesfalls Bezug auf das Wetter nehmen – das ist völlig banal,
- nicht gespreizt und »staatmännisch« daherkommen, sondern persönlich, humorvoll und gescheit,
- kurze, knappe Sätze beinhalten – nie mit Umstandswörtern wie »als«, »hätte« oder »wenn« beginnen,
- Ihre Gedanken und Geschichten knapp und schnörkellos auf den Punkt bringen.

Einen guten Einstieg zu finden, ist nicht leicht. Das Publikum spürt, wenn sich der Redner Mühe bei der Vorbereitung gegeben hat und ein kleines Kunstwerk präsentiert. Es dankt ihm mit Zuhörbereitschaft, also der Zustimmung, sich führen zu lassen. Verschenken Sie diese Chance nicht!

Der Mittelteil

Der Hauptteil Ihrer Rede, Ihrer Präsentation beträgt 85 bis 90 Prozent und transportiert den Inhalt Ihrer Rede. Hier geht es um Argumente, die Sie aber nach den Regeln der modernen Rhetorik gestalten müssen, damit sie wirken. In den nachfolgenden Kapiteln lernen Sie verschiedene Möglichkeiten und Stilmittel kennen, mit denen Sie Ihre Argumente gut verpacken können. Auch darf ein Argument niemals nur genannt werden. Das reine Benennen eines Faktums oder einer Tatsache ist rhetorisch noch nicht genug.

Ein Argument braucht immer dreierlei:
1. das Argument selbst; also die Zahlen, Daten, Fakten,
2. die Bewertung dieses Argumentes durch den Redner,
3. die Begründung dieser Bewertung.

Wenn Sie also beispielsweise vor Bürgern einer Gemeinde sprechen und gegen ein Einkaufszentrum plädieren, reicht es nicht zu sagen: »Ein Einkaufszentrum macht die Preise und die lokale Wirtschaft kaputt.« Wenn Sie der Argumentationskette richtig folgen, klingt das so:« Unsere hohen Politiker sagen, wir brauchen unbedingt ein Einkaufszentrum, damit es der Wirtschaft besser gehe [dies ist das Argument, um das es sich dreht]. Ich sage: Das ist falsch und der Weg in die wirtschaftliche Katastrophe [hier BEWERTEN Sie das Argument]. Studien der Universität Graz haben bewiesen, dass die Einkaufszentren den Ortskernen die Kaufkraft entziehen usw. [hier BEGRÜNDEN Sie Ihre Bewertung].

Dieser Dreierschritt hat eine Schwierigkeit und wird deshalb nicht so oft angewendet. Sie müssen sich positionieren! Sie postulieren eine Meinung – und viele Redner machen das nicht gern. Einerseits, weil es wenige gute Vorbilder gibt und somit viele einfach von anderen Rednern falsch lernen. (Leider reden auch viele Politiker so, dass man sie nie auf eine Position festnageln kann.) Andererseits bedarf es Mut, seine Meinung in einer Rede kundzutun. Aber große Redner und Menschen mit Persönlichkeit haben eine Meinung. Trauen auch Sie sich eine solche zu!

Praxis-Tipp
Sieben Sterne, nach denen ein Redner greifen muss
Für Thilo von Trotha, Redenschreiber von Ex-Bundeskanzler Helmut Schmidt, muss ein Redner nach folgenden »sieben Sternen« greifen:
1. Eine Rede muss informativ und interessant sein.
2. Eine Rede muss klar (in der Sprache), verständlich und genau sein.
3. Eine Rede soll abwechslungsreich sein.
4. Ihre Sprache soll anschaulich und bildhaft sein.
5. Dosierter Humor ist das Salz einer guten Rede.
6. Zeigen Sie sich Ihren Zuhörern als Persönlichkeit.
7. Eine Rede soll wahrhaftig, der Redner redlich sein.

Der Schluss

Der Schluss ist nicht der Höhepunkt der Rede, aber er ist ein Höhepunkt. Sein Ziel: dass der Schlussapplaus der Rede gilt und nicht der Tatsache, dass der Redner aufgehört hat zu reden.

Am Schluss muss das Ziel der Rede noch einmal besonders aufleuchten: die Handlungsweise bei der Motivationsrede, die Kernpunkte bei der Informationsrede, ein Crescendo der Gefühle bei der Stimmungsrede. (Detailliertere Möglichkeiten, Ihre Rede zu beenden, lesen Sie im Kapitel 2 »Der klassische Fünf-Satz in der modernen Rhetorik«.)

Praxis-Tipp
Lieber zu kurz als zu lang
Zögern Sie den Schluss nicht zu weit hinaus. Halten Sie sich an die englische Weisheit: Es kann eine Rede nicht schlecht sein, wenn sie kurz ist.

Verteilen Sie Ihr »Pulver« gut. Und behalten Sie dies auch bei der Feinstrukturierung im Kopf.

Einige Möglichkeiten zur Feinstrukturierung sind:

- Chronologisch: gestern – heute – morgen

Sie haben diesen Aufbau schon bei der Stegreifrede kennengelernt. Natürlich eignet sich auch eine einstudierte Rede dafür.

Beispiel: Blicken wir auf das letzte Jahr zurück, können wir stolz auf uns sein. Viele Grundstückseigentümer haben ihre Entwässerungsanlagen überprüfen lassen ... Heute jedoch ... Wie wir morgen wieder an alte Erfolge anknüpfen können ...

- Vom Überblick zum Detail

Diese Struktur ist zum Beispiel gut geeignet für technische Präsentationen oder Präsentationen, die eine Vorgeschichte haben (Statusberichte eines Projektes).

Beispiel: Das Thema »Private Grundstücksentwässerung« ist ein bundesweites Problem ... werfen wir nun einen Blick auf unsere Stadt ...

- Vom Bekannten zum Unbekannten

Dieser Weg bietet sich an, um andere Sichtweisen und Vorgehensweisen zu erklären.

Beispiel: Bislang haben wir stets darauf gewartet, dass die privaten Grundstücksentwässerer mit ihren Problemen zu uns kamen. Dabei waren wir nur zu Teilen erfolgreich ... Gehen wir doch noch einmal drei Schritte zurück und nähern wir uns dem Thema von einer ganz anderen Seite: ...

- Von einfachen Beispielen hin zu komplexen Zusammenhängen

Dieser Aufbau ist gut geeignet für Techniker, wenn sie vor Laien sprechen.

Beispiel: Eine Schüssel kann noch so schön sein – dicht ist sie nur ohne Löcher und Risse. Nur so erfüllt sie ihre Funktion. Genau so ist es auch mit dem Entwässerungssystem unserer Stadt ...

- Vom Nutzen (unbedingt zuerst) hin zu Details und Bedingungen

Mit dieser Strategie gelingen vor allem Überzeugungsreden.

Beispiel: Warum Sie Ihre privaten Entwässerungsanlagen überprüfen lassen sollten? Weil ... Das ist leicht gesagt? Es ist auch leicht getan. Sie müssen lediglich die folgenden Punkte beachten: ... Allerdings schreibt der Gesetzgeber Folgendes vor ...

- Wie bei einer Konzeption: Ausgangslage – Bewertung –
  Zielsetzung – Maßnahmen – Umsetzung – Controlling – Resümee

Diese Form ist gut geeignet bei einem Projektstart.

Beispiel: Ein Großteil des privaten Kanalnetzes unserer Stadt ist undicht. Da nutzt es nur wenig, dass das öffentliche Kanalnetz keine Schwachstellen mehr aufweist. Das Abwasser gelangt dennoch ins Grundwasser ... Unser Ziel: ... Bislang haben wir bereits Folgendes versucht ... jetzt aber ... Wie wir dies umsetzen wollen? Ganz einfach: ... Und der Erfolg ist auch messbar ... Das Ergebnis: ...

- Vom Problem zum Lösungsvorschlag

Das ist eine gute Variante bei firmeninternen Schwierigkeiten.

Beispiel: Ein Großteil des privaten Kanalnetzes unserer Stadt ist undicht. Da nutzt es nur wenig, dass das öffentliche Kanalnetz keine Schwachstellen mehr aufweist. Das Abwasser gelangt dennoch ins Grundwasser. Bei uns in der Controlling-Abteilung beobachten wir immer wieder das gleiche Problem: ... Unser Vorschlag: ...

Zusätzlich zu all diesen Gliederungsmöglichkeiten gibt es seit je eine sehr klassische Art und Weise, Reden aufzubauen: die »Fünf-Satz-Regel«. Schon in der Antike bei Aristoteles wurden die einzelnen fünf gedanklichen Abschnitte einer Rede als partes orationis bezeichnet:

- Einleitung (exordium/prooemium) – Der Redner versucht, das Wohlwollen des Publikums zu erlangen und dessen Aufmerksamkeit sicherzustellen.
- Erzählung (narratio) – Darauf folgt eine Schilderung des Sachverhaltes, um den es geht; bei der Gerichtsrede wird hier der Fall erzählt.

- Gliederung (propositio) der nachfolgenden Beweisführung
- Beweisführung (argumentatio) – Das ist der eigentlich argumentierende Teil der Rede, in dem der Redner für die Glaubwürdigkeit seiner Sache argumentiert (confirmatio) und kann auch die Widerlegung der gegnerischen Argumente umfassen (confutatio).
- Redeschluss (peroratio/conclusio) – Hier kann etwa noch einmal an die Emotionen des Publikums appelliert werden.

Professor em. Dr. Hellmut Geißner, Sprechwissenschaftler an der Uni Koblenz, hat den »Fünf-Satz« neu strukturiert:

- Ein starker Anfang, der gleich die Aufmerksamkeit fördert – es ist auch sinnvoll, gleich das Ziel Ihrer Rede zu nennen.
- Drei Argumente, die Ihre Position unterstützen. Dabei ist es förderlich, wenn Sie das zweitstärkste Argument zuerst nennen, dann das schwächste und schließlich das wichtigste.
- Letztlich folgt ein starker Abschluss, mit dem Sie wiederum zu einer Aktion aufrufen, ein klarer Appell zum Handeln.

Diesen »Fünf-Satz« gibt es noch in weiteren Varianten. Prinzipiell ist es ein roter Faden, der von Beginn einer Rede bis zum Ende alle wichtigen Punkte behandelt und Ihrer Rede einen sicheren, klaren Aufbau gibt. In der modernen Rhetorik aber, in der es um durch Gefühle und Bilder vermittelte Argumente geht, benötigt der »Fünf-Satz« eine weitere Verbesserung. Aus diesem Grund sollte er besser folgendermaßen aufgebaut werden:

Der klassische »Fünf-Satz« in der modernen Rhetorik

Die Struktur des »Fünf-Satzes«
1. Aufmerksamkeit erzeugen, Interesse wecken
2. Benennen, worum es geht; Stichwort »Abholen« (Achtung! Kann Spannung töten!)
3. Begründen und Beispiele bringen
3.1. zweitbestes Argument
3.2. schwächstes Argument; oder noch besser: Gegenargument entkräften
3.3. bestes Argument

4. Fazit, Zusammenfassung – der Schluss Teil I
5. Auffordern zum Handeln, Handlungsenergie – der Schluss Teil II
    Schauen wir uns die einzelnen Teile genauer an:

Aufmerksamkeit erzeugen, Interesse wecken

Der Beginn einer Rede ist nicht zu unterschätzen. Hier werden Sympathien verteilt, hier entscheidet der Zuhörer unbewusst, ob er Ihnen folgt oder nicht! Also beginnen Sie bitte nicht mit einer endlos langen Litanei von Begrüßungen. Thilo von Trotha etwa, bereits zitierter jahrelanger Redenschreiber von deutschen Spitzenpolitikern, unterteilt seinen Anfang ganz bewusst in Anrede und Einstieg. Grundsätzlich gilt: Die Anrede hat protokollarische Funktionen. Sie soll eine freundliche Atmosphäre schaffen, in der die Rede wohlwollend aufgenommen wird. Wie das gelingt, ist an die jeweilige Situation gebunden. Je besser Sie Ihre Zuhörer kennen, desto direkter werden Sie sie beim Einstieg dort abholen können, wo sie stehen – und sie so hernach begeistert mitnehmen auf dem Weg durch Ihre Argumentationskette. Wichtig ist: So wie ein »Zahlen- und Faktengrab« in der Rede ermüdet, so kann auch ein »Namengrab« zu Beginn Ihrer Rede Ihre Zuhörer langweilen. Je mehr Personen der Redner erwähnt, desto mehr Leute mögen sich fragen: Warum werde ich eigentlich nicht genannt? Noch schlimmer wird es natürlich, wenn weniger wichtige Personen aufgeführt und wichtige vergessen werden. Wenn es wirklich nicht zu vermeiden ist: Versuchen Sie, die Anzahl der Genannten auf drei zu beschränken und stellen Sie diese möglichst als Stellvertreter für eine größere Gruppe dar (»Stellvertretend für den Betriebsrat begrüße ich ...«). Bei der Reihenfolge der Namensnennung gelten die folgenden »Etiketteregeln«:
    Begrüßen Sie:

- geistliche vor weltlichen Personen,
- Gewählte (in Politik wie in Unternehmen) vor Ernannten,
- Staats- vor Landespolitikern und diese wiederum vor Gemeindepolitikern (Ausnahme: Dem Bürgermeister als dem höchsten Repräsentanten der lokalen Öffentlichkeit kann eine besondere Rolle zukommen.),
- Gäste aus dem Ausland – oder entsprechend: aus anderen Städten oder Gemeinden – vor den Einheimischen (das gebietet die Höflichkeit als Gastgeber und honoriert außerdem den Weg, den der Besucher auf sich genommen hat).

Übrigens: Mit dem Chef gelten alle seine Mitarbeiter als begrüßt. Bei Ranggleichheit ergibt sich die Reihenfolge nach dem Lebens- oder Dienstalter.

Eine andere Reihenfolge kann sich aus dem Zweck der Rede ergeben: Bei einer Geburtstagsrede ist das Geburtstagskind, bei einer Jubilarrede der Jubilar die Ehrenperson. Im privateren Rahmen können auch persönliche Beziehungen des Redners zu einzelnen Zuhörern bei der Rangfolge eine wichtige Rolle spielen; also die Eltern, der Ehepartner oder der Doktorvater, aber auch ein besonders nahestehender Kollege, mit dem man über lange Zeit hinweg eng an einem Projekt zusammengearbeitet und es nun zu einem erfolgreichen Abschluss gebracht hat.

Praxis-Tipp: Anrede
Einmal du, immer du: In der Rede wird die gleiche Sprache wie im normalen Umgang praktiziert. Ein Duzfreund, -kollege, -chef oder -Mitarbeiter wird auch in »offizieller« Rede mit »du« angeredet. Wer einen anderen stets beim Vornamen nennt, sollte bei einer Rede ebenso verfahren.

Amt und Name: Sprechen Sie in offiziellen Kreisen nicht nur das Amt an, sondern fügen Sie auch den Namen hinzu: also statt »Herr Bürgermeister« besser: »Herr Bürgermeister Maier« oder »unser Bürgermeister Frank Maier«.

Akademische Grade sind Namensbestandteil. Dies gilt allerdings nur für den höchsten Grad: Also nicht »Sehr geehrter Herr Professor Dr. Müller«, sondern »Sehr geehrter Herr Professor Müller«.

Adelstitel sind ebenfalls Namensbestandteile. Es sollte also »Sehr geehrter Graf Westerholt« heißen, keinesfalls »Herr Graf« oder »Herr Graf Westerholt«.

Auf eine gelungene Anrede folgt idealerweise ein Einstieg, der vom ersten Satz an zu fesseln vermag: Aufmerksamkeit soll er erregen, Interesse wecken. Die große Zauberformel hinter einem wirklich gelungenen Einstieg heißt:

AAAA –»Anders als alle anderen«

So simpel – und doch so schwierig in der Umsetzung. Aber nichts, das sich mit einer guten Vorbereitung und einem Griff in die Handwerkskiste nicht bewältigen ließe:

- Stellen Sie eine **provokante Frage**, eine rhetorische Wirkfrage (siehe Kapitel 3 »Rhetorische Wirkfrage«).

- Oder beginnen Sie mitten in Ihrer Rede: Erzählen Sie eine **Geschichte, die auf den ersten Blick nichts mit der Rede zu tun hat.** Hierbei müssen Sie den Bezug später natürlich herstellen. Beginnen Sie demnach lieber nicht von Bio-Obst zu erzählen, um dann auf künstliche Intelligenz überzuschwenken.
- Benutzen Sie ein **Bild** zum Einstieg (siehe Kapitel 3 »Bilder/Geschichten«).
- Halten Sie ein **Anschauungsobjekt** (siehe Kapitel 3 »Anschauungsobjekt«) in die Höhe und verankern Sie an diesem Ihre Rede. Etwa mit einer Frage wie: »Was glauben Sie, verehrte Zuhörer, was das ist? Ja, richtig, es ist ein Apfel. Aber es ist nicht einfach nur ein Apfel, es ist ein Apfel mit Wurmstichen darin. Innen ganz porös. Sehen Sie – etwas Druck, und er zerfällt. Ähnlich ist es derzeit auch um unsere Abteilung bestellt ...«
- Nehmen Sie **Bezug auf ein aktuelles Ereignis**: »Auf der Autofahrt hierher hörte ich im Radio ...«
- Beziehen Sie sich auf eine **lokale Begebenheit**: »Jedes Mal, wenn ich unser Bürohaus betrete, fällt mir als Erstes auf ...«
- Steigen Sie **humorvoll** ein: Charmant und witzig zu sein, ohne Verletzungen oder Peinlichkeiten, ist mitunter der schwierigste Einstieg. Wenn Sie aber über dieses Talent verfügen: Nutzen Sie es. Unbedingt.
- Der **persönliche Einstieg**: Erzählen Sie etwas über sich. Was bewegt Sie? Was denken Sie? Je nach Zielsetzung und Botschaft kann dieser Einstieg unterschiedlich ausfallen. Stellen Sie sich vor, als Techniker oder Wirtschaftsfunktionär beginnen Sie von einem persönlichen Erlebnis zu sprechen. Wenn es um die neuesten Telekommunikationstechnologien bei Telefonen geht, können Sie von Problemen sprechen, die Sie mit Ihrem Telefon hatten. Bei einer Autopräsentation erzählen Sie ein Erlebnis, das Sie mit Ihrem Auto hatten. Natürlich muss der Bogen zu der Rede richtig gespannt sein, aber ein persönliches Erlebnis erzeugt automatisch Zuhörbereitschaft, weil dieses Mittel vergleichsweise selten eingesetzt wird und uns persönliche Geschichten unseres Gegenübers naturgegeben fast immer interessieren. Hinzu kommt: Wenn es persönlich wird, kann sich der Zuhörer auch einfacher mit dem Thema identifizieren. Dann wirken abstrakte Dinge nicht mehr so weit weg.

Sie sehen: Es gibt unzählige Möglichkeiten, Ihre Zuhörer von Anfang an in Bann zu schlagen. Lassen Sie Ihrer Kreativität freien Lauf und nutzen Sie den Beginn, der am besten zu Ihnen als Redner, zu Ihren Zuhörern und zu der betreffenden Situation passt.

Ein Einstieg ist nicht optionell, er ist Pflicht. Ein gelungener Einstieg bringt die Zuhörer auf Ihre Seite, macht sie zu Ihren Komplizen und Sie als Redner sympathisch. Nun aber müssen Sie ihnen reinen Wein einschenken.

Sagen, worum es geht; Stichwort »Abholen«

Jede Spannung hat irgendwann ihren Höhepunkt erreicht. Nach diesem lautet die Frage Ihrer Zuhörer: »Was will der/die da vorne eigentlich von mir«? Manche Menschen etwa können oder wollen ohne entsprechende Einführung gar nicht zuhören. Ihnen fehlt das Bindeglied zur Rede. Kommen Sie also zügig zum Punkt: zu Ihrer Kernbotschaft. Mittels der Fragen in Kapitel 2 »Zielgruppe und Hauptbotschaft« haben Sie diese ja bereits herausgearbeitet. Aber behalten Sie stets die folgende wichtige Regel im Hinterkopf:

> **Praxis-Tipp: Verraten Sie den Mörder nicht!**
> Stellen Sie sich vor, Sie sitzen abends vor dem Fernseher und freuen sich auf den neuesten Krimi. Die Ansagerin kündigt die Sendung folgendermaßen an: »Guten Abend, sehen Sie nun den Tatort. Der Mörder ist dieses Mal der Gärtner. Viel Spaß.« Auch für Ihre Rede gilt: Lassen Sie einige Dinge eine Zeit lang im Unklaren. Dabei müssen Sie selbst spüren, wie weit Sie den Zuhörern diese »Spannung« zumuten können. Ziehen Sie diese zu lange hinaus, fühlt sich der eine oder andere Zuhörer an der Nase herumgeführt. Ein guter Trick hierbei ist es etwa, Ihre Themen in Fragen zu verpacken. Zum Beispiel so: »Wieso gelingt es Ihnen in der heutigen Zeit nicht, am Anfang des Jahres zu wissen, was am Ende herauskommt? Ist es wirklich wahr, dass Sie mit dieser Unsicherheit als Unternehmer leben müssen? Ich sage: Nein ...«

So erfahren Ihre Zuhörer die Kernbotschaft – Es geht um den Jahresenderlös und die Möglichkeit seiner Vorausplanung –, aber Sie verraten die Lösung noch nicht und erhalten so die Neugierde Ihrer Zuhörer.

Begründen und Beispiele bringen

Nun aber will Ihr Publikum Fakten hören: Ihre Argumente und Ideen. Im Idealfall haben Sie für diesen Part Ihrer Rede drei Positionen, drei Argumente oder unterschiedliche Herangehensweisen parat. Mehr oder weniger sind natürlich auch möglich – versuchen Sie aber allein schon Ihrer Redezeit zuliebe, sich auf drei zu beschränken.

Praxis-Tipp: Kurz und knackig

Rede über alles, nur nicht über 20 Minuten! Die Aufmerksamkeit der Zuhörer lässt nach dieser Zeit stark nach. So kann auch die beste Rede zur Zweitklassigkeit verkommen. Je länger Sie sprechen, desto rhetorisch besser muss die Rede sein. 40 Minuten sollten aber auf jeden Fall die Obergrenze sein.

Wie Sie Ihre Argumente konkret präsentieren, erfahren sie in Kapitel 3: Die Arbeit an Ihrer Präsentation. Zunächst aber widmen wir uns dem generellen Aufbau Ihrer Argumentationskette. Und für diesen gilt: Beginnen Sie mit dem zweitbesten Argument – oder irgendeinem anderen starken – Argument. Nehmen Sie auf keinen Fall das Beste Ihrer Argumente. Als Nächstes führen Sie das schwächste Argument an (oder auch ein anderes beliebiges). Mit einer (sehr wichtigen) Ausnahme:

Praxis-Tipp: Erwartete Gegenstimmen gleich zu Beginn entkräften

Nehmen wir an, Sie präsentieren ein neues Produkt, das Sie in der Firma einführen möchten. Bei der Präsentation halten sich die Gegner und Befürworter die Waage. Natürlich gibt es bei allen Überzeugungen auch Gegenargumente und andere Meinungen. Wichtig ist nun, dass Sie gleich zu Beginn massive Gegenargumente ansprechen. Aber bitte nur massive, nicht jede hinderliche Kleinigkeit. Nur wenn Sie den erwarteten Skeptikern in Ihrem Publikum gleich zu Beginn den Wind aus den Segeln nehmen, indem Sie ihre Punkte selbst nennen, haben Sie hernach die Möglichkeit, Ihre Sicht der Dinge klarzustellen. Und wenn Sie es schaffen, die negativen Argumente auch noch zu entkräften, haben Sie sie vom Tisch. Erwähnen Sie erwartete Gegenargumente indes nicht, kommen diese unweigerlich nach Ihrer Präsentation zur Sprache. Das bringt Sie nicht nur in die Defensive, es verwässert Ihnen in der Erinnerung Ihrer Zuhörer im schlimmsten Fall Ihre gesamte Rede – und Ihren fulminanten Schluss.

Der letzte Argumentationspunkt ist das absolut beste Argument, das Sie haben – und kann etwa auch die Entkräftung des gewichtigsten Gegenarguments sein. Bei vielen Präsentationen geht es auch um Werte, Überzeugungen, emotionale

Angelegenheiten – also nicht so sehr darum, die Zuhörer inhaltlich, sondern emotional zu überzeugen. Welches also Ihr wichtigstes »Argument« ist, ist höchst spezifisch und muss einmal mehr auf Zuhörer und Kontext abgestimmt werden. Anders gesagt: Nur wenn Sie Ihre Zielgruppe kennen, wissen Sie auch, was das beste Argument ist. Die grundsätzlichen Fragen des vorherigen Kapitels 2 »Zielgruppe und Hauptbotschaft« helfen Ihnen dabei.

Fazit, Zusammenfassung – Der Schluss, Teil I

Ihre Zuhörer haben nun sehr viele Inputs bekommen und, wenn Sie es richtig angepackt haben, sind Ihnen die meisten wohlwollend gestimmt. Jetzt gilt es, alle diese Informationen zu bündeln und kurz zusammenzufassen. Dieses Resümee ist gleichzeitig der Schluss Ihrer Rede und deshalb genau zu beachten. Sie haben ja schon erfahren, dass der Schluss nicht unbedingt der Höhepunkt Ihrer Rede, aber ein Höhepunkt ist. Nun gilt es, das Gesagte in kurzen und klaren Sätzen auf den Punkt zu bringen und möglichst perfekt anzupassen. Zu den gängigsten Arten gehören:

1. Zum Handeln auffordern

Dieser Schluss bietet sich bei Motivationsreden und Wahlkampfreden an. Er muss eindringlich vorgetragen werden. Idealerweise wartet der Hörer – sinnbildlich gesprochen – voll Ungeduld das letzte Wort ab, um hernach unmittelbar und voller Begeisterung zur Ausführung der Tat zu schreiten.

Der englische Premierminister Benjamin Disraeli 1872 »Über die Größe Britanniens«:

»Sie müssen handeln, als hinge alles von Ihren persönlichen Bemühungen ab. Das Geheimnis des Erfolges ist die Beständigkeit des Wollens. Gehen Sie in Ihren Heimatort, erklären Sie dort diese Wahrheiten, die sich bald dem Bewusstsein des Landes einprägen werden. Handeln Sie in diesem Geiste, und Sie werden erfolgreich sein. «

2. Konsequenzen ziehen

Hier gelten die gleichen Grundsätze wie oben: Konsequenzen ziehen ist eine Handlung. Diese Art des Redeabschlusses bietet sich nach analytischen Ausführungen an, in denen Alternativen aufgezeigt wurden:

»Nachdem wir festgestellt haben, dass wir am besten in der Lage sind, das Problem zu lösen, sage ich: Setzen wir uns hin und lösen es – in Teamarbeit, durch Nachdenken, mit Kreativität.«

3. Verwendung eines – passenden – Bildes, um den Kerngedanken der Rede zu »übersetzen«

Kapitel 3.4.1 »Bilder/Geschichten« geht genauer auf die Arbeit mit Bildern ein. Zum Schluss einer Rede eignen Sie sich hervorragend, um komplexe Inhalte einfach zusammenzufassen.

Der Vorstandssprecher der Deutschen Bank, Hilmar Kopper, anlässlich des 125-jährigen Bestehens der Bank 1995:

»Alles menschliche Tun bleibt unzulänglich. Auch das in der Deutschen Bank. Wir machen die Erfahrung, die auch unsere Nachfolger machen werden. Es ist die Erfahrung des Seefahrers. Der Horizont ist kein Ziel, dem wir je auch nur nahe kommen. Erfahren werden wir den Horizont nie. Dass das Schiff nicht in Gefahr gerät und sicher den nächsten Hafen erreicht – darauf kommt es an. «

4. Gegensätze versöhnen

Diese Methode ist hilfreich, um die emotionale Wirkung einer Rede mit verletzendem Inhalt einzuschränken. Versöhnlichkeit verleiht die Aura des Staatsmännischen, Gelassenen und ist sinnvoll, wo es dem Redner auf Vertrauensgewinn – etwa im politischen Raum – ankommt.

Der russische Präsident Boris Jelzin beendete seine erste Fernsehansprache nach der Niederschlagung des Putsches vom Oktober 1993 mit den Worten:

»Die Ereignisse am 3. und 4. Oktober sind unser aller Tragödie, unser aller Blut. Welche politische Überzeugung auch jeder Einzelne von uns hat – wir alle sind Kinder Russlands.«

5. Bogen schlagen zum Anfang der Rede

Durch das Schlagen eines Bogens erscheint die Rede besonders durchdacht und logisch abgerundet. Zusätzlich ist dieser Schluss leicht anwendbar.

Der Philosoph Hermann Lübbe 1974 zum Thema »Soziale Marktwirtschaft nach 40 Jahren«:

»Damit bin ich dann zum Schluss wieder bei dem Thema ›Markt und Moral‹ angekommen. Wir erkennen, dass Moral eine überaus nützliche Sache ist. Für den Markt bedeutet sie im Verhältnis zum sozialen System: Die Moral ist nicht etwa nur bei den in das soziale System integrierten guten Absichten anzutreffen, während sie beim Markt fehlte. Im Gegenteil: Die Moral, die dem Markt auch schon als solchem eigen ist, will auch auf das soziale System übertragen sein«.

Auffordern zum Handeln, Handlungsenergie –Der Schluss, Teil II

Dieser Punkt 5 der Gliederung ist gesondert zu beachten, da er nicht immer durchführbar ist. Wenn aber, dann holen Sie das Beste aus Ihrem Vortrag, Ihrer Rede, Ihrer Präsentation heraus. Das folgende Bild verdeutlicht dies:

Stellen Sie sich vor, Sie sind passionierter Läufer und trainieren für Ihren ersten Marathon. Sie stellen sich einen Trainingsplan für acht Wochen zusammen. Sie ernähren sich richtig, trinken keinen Alkohol, gehen zeitig zu Bett. In der letzten Trainingswoche steigt das Adrenalin langsam an, und der Magen kribbelt jedes Mal, wenn Sie an das Rennen am Sonntag denken. Es ist Samstagabend, 20 Uhr, in Ihrem Inneren brodelt es vor Anspannung. Und dann: In den Nachrichten wird verkündet, dass das Rennen wegen schlechten Wetters nicht stattfinden wird. Die ganze aufgebaute Energie von acht Wochen verpufft ins Nichts!

Und genauso ist es, wenn Sie am Ende Ihrer Rede stillschweigend abdanken und nach Hause gehen. Die ganze Arbeit umsonst gemacht! Bei sehr vielen Reden ist das Umsetzen der Energie in eine Handlung der entscheidende Schlusspunkt. Jetzt zeigt sich, ob Sie überzeugt haben oder nicht – und jetzt können Sie das Echo erzeugen.

Aber wie machen Sie das? Ganz einfach, Sie lassen die Menschen etwas tun. Sie lassen sie …

- unterschreiben für eine weitere Aktion,
- abstimmen mit Handzeichen für Ihr Vorhaben,
- einen Moment innehalten und etwas oder jemandem innerlich Danke sagen,
- Geld einsammeln für einen bestimmten Zweck,
- Ihr Angebot, das Sie bei dieser Präsentation natürlich mit einem Sonderrabatt anbieten, sofort kaufen.

Am Ende ist es nicht einmal so bedeutend, was Sie die Menschen tun lassen. Hauptsache ist, Sie erreichen die folgenden beiden Ziele:

▪ Die Redeenergie wird umgewandelt in etwas, das den Menschen stark in Erinnerung bleibt – denn nur dann bleibt auch Ihre Rede in Erinnerung.

▪ Die Menschen akzeptieren Sie als jemanden, der sagt, was zu tun ist, damit etwas geändert wird – und Sie geben Ihnen die Motivation mit auf den Weg, es auch wirklich zu können. Direkt. Unmittelbar. Jetzt.

Ist ein solcher Bogen bei Ihrer Rede nicht möglich (und wenn dem so ist, merken Sie es bei der Planung schnell), hört Ihre Gliederung beim Punkt »Fazit, Zusammenfassung – Der Schluss, Teil I« auf. Sollte sich aber irgendeine Möglichkeit ergeben, die Zuhörer aktiv am Schluss zu beteiligen, sollten Sie diese unbedingt nutzen.

Ein Beispiel aus einer Moderation einer Veranstaltung über Innovation: Der Wunsch des Auftraggebers war unter anderem, dass bei den Teilnehmern unbedingt etwas »hängen bleiben« sollte. Verständlich, denn es ist ja nichts Neues, dass viele Vorträge im ersten Schritt vielleicht begeistern und überzeugen, dies aber nach einigen Tagen verblasst, in Vergessenheit gerät und schlussendlich nur wenig in die Tat umgesetzt wird. Man könnte eine solche Veranstaltung folgendermaßen schließen: »Bitte nehmen Sie alle ein Blatt Papier und einen Stift zur Hand. Jetzt schreiben Sie in dreißig Sekunden die drei für Sie persönlich wichtigsten Sachen, die Sie heute bei diesen Vorträgen gehört haben, auf. Das kann alles Mögliche sein. Eine Idee, eine Technik, eine Vorgehensweise, eine Vision. Etwas, das Sie selbst umsetzen möchten. Sie haben dreißig Sekunden. [Schauen Sie auf Ihren Sekundenzeiger und sagen Sie nach dreißig Sekunden ›Stopp‹] Jetzt kringeln Sie bitte einen, nur einen einzigen dieser drei Punkte ein. Der Wichtigste, den Sie unbedingt umgesetzt sehen wollen. Und schreiben Sie daneben das Datum, bis zu dem Sie diesen Punkt erledigt haben werden. Viel Erfolg dabei!«

Futter fürs Archiv: Die Unterlagen für die Zuhörer

Bei vielen Reden, vor allem bei Präsentationen, geben Sie den Zuhörern Unterlagen vor oder nach Ihrer Rede in die Hand: sogenannte Handouts, die bei Fachtagungen oder Ähnlichem oft auch gesamt in Buch- oder Mappenform gebunden und ausgegeben werden.

Die meisten Redner drucken zu diesem Zweck einfach ihre PowerPoint-Präsentation aus und verteilen diese. Sicherlich: Das ist für den Redner bequem und spart bei der Vorbereitung Zeit – aber sinnvoll ist es nicht.

Denn Ihre Präsentation – egal, wie und mit welchen Hilfsmitteln Sie sie halten – hat nur am Rande etwas mit den Unterlagen für Ihre Zuhörer zu tun. So könnten diese Unterlagen von den Zuhörern unter Umständen erst nach langer Zeit wieder hervorgeholt werden und müssten auch dann noch verstanden werden. Oder sie werden gar an Dritte weitergereicht, die Ihren Vortrag daher gar nicht kennen.

Bei den meisten Unterlagen jedenfalls, die wir im Laufe unseres Lebens erhalten, kann weder vom Erkennen der Zusammenhänge noch von einer klaren inhaltlichen Struktur die Rede sein.

Stellen Sie sich vor, Sie kaufen ein Buch in der Buchhandlung und dieses ist aufgebaut wie eine PowerPoint-Präsentation – derartige Handouts sind ein Armutszeugnis, auch für Sie als Redner.

Vernünftige Handout-Unterlagen sind vollständiger als Ihre PowerPoint-Folien, enthalten viel mehr Zahlen, vielleicht auch Grafiken, Verweise und vieles Hilfreiches mehr. Mehr zum Thema PowerPoint finden Sie im Kapitel 3 »Arbeiten mit Folien/PowerPoint«.

Praxis-Tipp: Ausgabe der Unterlagen erst zum Schluss

Was machen Sie, wenn Sie in ein Seminar oder zu einem Vortrag kommen, nachdem Sie sich hingesetzt haben? Richtig, Sie stöbern in dem Informationsmaterial, das auf Ihrem Platz liegt. Und weil kurze Ablenkungsphasen immer wieder vorkommen, greifen viele Menschen auch während einer Rede immer wieder einmal zu ihren Unterlagen. Für die Aufmerksamkeit ist das nicht gerade förderlich – weder für die Ihrige als Redner noch für jene Ihrer Zuhörer. Dies spricht dafür, die Unterlagen erst am Schluss auszuteilen. Selbstverständlich aber können Sie das Wissen um potenzielle Ablenkung auch als Herausforderung nehmen und Ihre Unterlagen zu Beginn austeilen. Das Blättern dient Ihnen dann als Barometer und zeigt Ihnen, ob Ihre Rede zu fesseln vermag oder nicht.

3. Die Arbeit an Ihrer Präsentation

In diesem Kapitel widmen wir uns unterschiedlichen Techniken und Methoden, also den rhetorischen Stilmitteln, die Ihnen helfen, Ihre Notizen in spannende, klare Worte zu fassen. Am Ende eines jeden Abschnittes erfahren Sie in einer kurzen Zusammenfassung das Wichtigste über die zuvor ausführlicher erläuterten Punkte.

Nicht jede Technik ist für jeden geeignet. Was dem einen ganz leicht gelingt, fällt dem anderen unglaublich schwer. Ihre Präsentation hängt auch davon ab, welcher Redner-Typ Sie sind. Gehen Sie gern auf andere zu und stehen im Mittelpunkt? Oder sind Sie eher introvertiert, hätten zwar viel zu sagen, möchten dies aber im Grunde Ihres Herzens nicht einem ganzen Saal voller Menschen mitteilen?

Sie haben schon in den vorherigen Kapiteln gelernt, dass viele Stilmittel und rhetorische Eigenheiten gar nicht auf alle Menschentypen passen können. Die Mut-Klassen in diesem Buch können Ihnen zur Orientierung dienen. Sie helfen Ihnen, für sich die individuell passenden Stilmittel auszuwählen. Aber bedenken Sie auch: Mut ist immer etwas Relatives. Vielleicht würden Sie in ein brennendes Haus rennen, um Menschen zu retten, aber beim Sprechen vor Dritten haben Sie dennoch Angst. Deshalb sind diese »Mut-Klassen« im richtigen Licht zu sehen, im rhetorischen.

Die Mut-Klassen
Jeder der folgenden Techniken ist eine »Mut-Klasse« zugeordnet:
Klasse 1: leicht, für jeden mit entsprechender Übung machbar
Klasse 2: bekanntes Terrain verlassen, etwas Neues wagen
Klasse 3: erfordert Fingerspitzengefühl, exakte Planung und viel Mut – und für eher introvertierte Menschen viel Übung (oder eine andere Technik)

Meist ist es gar nicht die Technik, die einem Kopfzerbrechen bereitet, sondern der Mut, sie auch wirklich umzusetzen. Was da hilft? Ganz einfach: Steigern Sie sich allmählich. Es hat keinen Sinn, mit den schwierigsten Stilmitteln imponieren zu wollen, sie aber dann technisch nicht sauber umsetzen zu können oder während des Redens gar in Schweißausbrüche zu geraten. Steigern Sie sich von

Mal zu Mal und genießen Sie Ihre Erfolge. Dann steigt auch automatisch Ihr Selbstbewusstsein – und somit Ihr Mut als freier Redner.

Wichtig ist generell: Rücken Sie die Sache, über die Sie sprechen, ins rechte Licht. Nur so lernen Sie, Ihr »Produkt« zu »verkaufen«. Sie wissen es ja aus eigener Erfahrung: Das beste Produkt, die beste Qualität helfen nichts, wenn niemand davon erfährt. Auch das Erfahren allein reicht noch nicht. Ihre Botschaft muss nicht nur von Ihnen ausgesprochen, sie muss auch von Ihren Zuhörern verstanden werden. Und hier kommt die Rhetorik ins Spiel: Ihre Anliegen, Überlegungen müssen Sie so »verpacken«, dass die Zuhörer auch genau verstehen, was Sie sagen wollen.

Oftmals hat man das Gefühl, der Redner spricht mehr mit sich selbst als mit dem Publikum. Nutzen Sie die nachfolgenden rhetorischen Stilmittel, um Ihrem Anliegen die richtige Klarheit und Würze zu verschaffen. Aber Achtung: Wie bei einem eigentlich köstlichen Gericht können Sie mit einem Zuviel an Zutaten die ganze Rezeptur verderben. Wählen Sie für eine durchschnittliche Rede von 15 Minuten vier bis acht der folgenden Stilmittel aus. Mehr würde Ihrer Rede schaden. Wie so oft gilt auch hier: Die Dosis macht das Gift.

Mit Sprache spielen

Vor allem bei Führungsreden ist eine klare und prägnante Sprache sehr wichtig. Bei Informationspräsentationen können Sie oft mit mehreren Stilmitteln spielen, bei Führungsreden hingegen geht es um das eingängige Vermitteln deutlicher, prägnanter Botschaften. Mit den folgenden Stilmitteln gelingt Ihnen das, garantiert!

Sprachmarotten? Nein danke!

Mutklasse 1: leicht, für jeden mit entsprechender Übung machbar

Wie eine Rede sein sollte? Klar, verständlich und genau! Achten Sie deshalb auf eine einfache Sprache. Das klingt nicht gerade wie eine große Herausforderung? Ist es aber, denn die Einfachheit ist die höchste Kunst sprachlichen Ausdrucks. Franz Josef Strauß brachte es auf den Punkt: »Einfach reden, aber kompliziert denken – nicht umgekehrt!«

»Einfach« bedeutet selbstverständlich nicht, dass Sie sich einer primitiven, platten oder gar ordinären Sprache bedienen sollten. Was es aber bedeutet, ist, auf einige »Sprachmarotten«, die sich seit Jahren in den Wortschatz unserer Umgangssprache gemischt haben, zu verzichten:

Kein Substantiv, lieber ein Verb

Unsere Sprache ist überladen von Hauptwörtern. Nutzen Sie Verben, um Ihre Gedanken zu formulieren. Verben bieten Veränderung, Substantive bremsen – also nicht: »Wir haben Einigung erzielt«, sondern: »Wir haben uns geeinigt«; nicht: »Ich möchte meinem Bedauern Ausdruck verleihen«, sondern: »Ich bedaure«.

Gegenstände, Sachverhalte und Meinungen präzise benennen

Konkrete Sprache erzeugt auch konkrete Bilder im Kopf Ihrer Zuhörer. Sprechen Sie also nicht von »einem Auto«, sondern – zum Beispiel – von einem blauen VW; nicht von »einem Baum«, sondern von einer blühenden Kastanie etc.

Knappe, kurze Sätze

Der ideale (mündliche) Satz umfasst zwölf bis zwanzig Worte. Werden es mehr, steht am Ende ein Bandwurm- oder Schachtelsatz, der Ihre Zuhörer nur verwirrt und ermüdet. Ein Punkt ist auch in der gesprochenen Sprache ein herrliches Satzzeichen, das Klarheit schafft und Akzente setzt. Nicht umsonst lautet das geflügelte Wort: »Bringen Sie die Sache auf den Punkt.« Und genau das wollen Sie ja auch mit Ihrer Rede erreichen: Ihre Botschaft auf den Punkt bringen. Damit sie sich einprägt und verständlich ist.

Aktiv, nicht passiv

Ihre Rede soll dynamisch wirken, zur Handlung auffordern. Aktive Zeitformen vermitteln genau das. Bei passiven Zeitformen handelt ein anderer – theoretisch. Bei aktiven Formen handeln Sie oder Ihre Zuhörer. Sagen Sie also nicht: »Es wird gebeten, Platz zu nehmen«, sondern: »Bitte setzen Sie sich«; nicht: »Es ist gesagt worden«, sondern lieber: »XYZ sagt« oder »die Leute sagen«. Aber Achtung: Je weniger Allgemeinplätze Sie nutzen, desto besser! »Die Leute sagen« etwa ist wenig aussagekräftig. »Wer sind sie denn«, wird Ihr Zuhörer sich fragen, »diese Leute«. Wählen Sie in solchen Fällen wo immer möglich konkrete Personen.

Deutsch, bitte

»Denglisch« ist in aller Munde. Modeschöpferin Jil Sander etwa sagte einmal über sich selbst: »Mein Leben ist eine giving-story. Ich habe verstanden, dass man contemporary sein muss, das future-Denken haben muss.« Das lässt sich hervorragend ohne englische Einsprengsel sagen und wäre dann ganz nebenbei sicherlich auch noch inhaltlich verständlich …

Wer ist »man«?

Mit dem Wörtchen »man« ist es so ähnlich wie mit dem Passiv. Irgendjemand – irgendein »man« – sollte etwas tun, sollte handeln, sagt oder denkt etwas. Sie und Ihre Zuhörer hingegen sind aus der Verantwortung, denn Sie/sie sind ja nicht angesprochen. Streichen Sie »man« also lieber aus Ihrem Redewortschatz und sprechen Sie stattdessen von »wir«, »ich« oder »Sie/sie«. Also nicht: »Man sollte die Arbeitsabläufe besser strukturieren«, sondern: »Wir sollten (noch besser: werden) die Arbeitsabläufe besser strukturieren. (Und zwar ab jetzt.)«

Metapher, Anapher, Epipher, Anadiplose

Mutklasse 1: leicht, für jeden mit entsprechender Übung machbar

Redefiguren (also rhetorische Stilmittel) verdeutlichen eine Aussage oder schmücken sie aus, lautet die Definition klassischer rhetorischer Mittel, die in der Schule gelehrt werden. Die meisten der nun folgenden Stilmittel allerdings sind neueren Datums und haben mit Aristoteles, Cicero & Co. nur noch wenig gemein. Aber auch einige der klassischen Redefiguren »verschönern« – sparsam eingesetzt – die Inhalte Ihres Vortrags:

Die **Metapher** etwa dient zur bildlichen Verdeutlichung einer Botschaft. Beispiele: jemanden in den Himmel loben, eine Mauer des Schweigens, auf einer Erfolgswelle reiten, jemandem nicht das Wasser reichen können, das Recht mit Füßen treten, die Warteschlange, jemandem das Herz brechen oder die Nadel im Heuhaufen suchen.

Anaphora (oder Anapher) bezeichnet die immer gleiche Wort- oder Satzwiederholung am Beginn einer Aussage. Eine der bekanntesten und anrührendsten historischen Reden, die die Anapher als Stilmittel nutzte, ist »I have a dream«. Martin Luther King hielt sie am 28. August 1963 vor 250 000 Menschen am Lincoln Memorial in Washington. »I have a dream« ist nicht nur Titel, sondern zugleich die Anaphora dieser Rede.

»Heute sage ich euch, meine Freunde, trotz der Schwierigkeiten von heute und morgen habe ich einen Traum. Es ist ein Traum, der tief verwurzelt ist im amerikanischen Traum. Ich habe einen Traum, dass eines Tages diese Nation sich erheben wird und der wahren Bedeutung ihres Credos gemäß leben wird: ›Wir halten diese Wahrheit für selbstverständlich: dass alle Menschen gleich erschaffen sind.‹

Ich habe einen Traum, dass eines Tages auf den roten Hügeln von Georgia die Söhne früherer Sklaven und die Söhne früherer Sklavenhalter miteinander am Tisch der Brüderlichkeit sitzen können.

Ich habe einen Traum, dass sich eines Tages selbst der Staat Mississippi, ein Staat, der in der Hitze der Ungerechtigkeit und Unterdrückung verschmachtet, in eine Oase der Gerechtigkeit verwandelt.

Ich habe einen Traum, dass meine vier kleinen Kinder eines Tages in einer Nation leben werden, in der man sie nicht nach ihrer Hautfarbe, sondern nach ihrem Charakter beurteilen wird. **Ich habe einen Traum** heute ...«

Die **Epiphora** (oder Epipher) ist der Anaphora sehr ähnlich, stellt aber die einmalige oder mehrfache Wiederholung eines Wortes oder einer Wortgruppe an das Ende des Satzes. Einige Beispiele:

- »Mir geht es gut. Meinem Vater geht es gut. Dem Rest meiner Familie geht es gut. Allen geht es gut.«
- »Vielleicht haltet ihr uns nicht für Idioten, jedenfalls macht ihr uns zu Idioten.«
- »Ich lieb es nicht das fremde Land; ich hass es fast, das fremde Land.«

Der amerikanische Präsident John F. Kennedy hielt am 26. Juni 1963 vor dem Rathaus in Berlin eine Rede über die Berliner Mauer, die seit 1961 Ost und West trennte. In einem Teil der Rede nutzte er die Epiphora:

»Wenn es in der Welt Menschen geben sollte, die nicht verstehen oder nicht zu verstehen vorgeben, worum es heute in der Auseinandersetzung zwischen der freien Welt und dem Kommunismus geht, dann können wir ihnen nur sagen, **sie sollen nach Berlin kommen**.

Es gibt Leute, die sagen, dem Kommunismus gehöre die Zukunft. **Sie sollen nach Berlin kommen.**

Und es gibt wieder andere in Europa und in anderen Teilen der Welt, die behaupten, man könne mit dem Kommunismus zusammenarbeiten. **Sie sollen nach Berlin kommen.**

Und es gibt auch einige wenige, die sagen, es treffe zwar zu, dass der Kommunismus ein böses und ein schlechtes System sei, aber er gestatte es ihnen, wirtschaftlichen Fortschritt zu erreichen. **Sie sollen nach Berlin kommen.**«

Die **Anadiplose** hingegen stellt das letzte Wort des ersten Satzes an den Beginn des zweiten Satzes. Sie ist gut geeignet, um eine Stimmungssteigerung herbeizuführen, wie etwa in diesem Beispiel:

»Und oft habe ich das Gefühl, dieses Rad dreht sich immer schneller. Immer schneller müssen wir den Dingen hinterherlaufen. Hinterherlaufen, um schlussendlich was zu bekommen?«

Aber achten Sie bei der Anadiplose auf die Logik. Schnell kann die Verkettung von Gedanken unübersichtlich oder unlogisch werden, wie etwa in dem folgenden Beispiel, wo die Modernität des Anfangs nicht recht zum Lebensglück des Endes passen will:

»Wenn wir mehr investieren, sind wir moderner. Moderner sein heißt, bessere Chancen im Wettbewerb zu haben. Bessere Chancen im Wettbewerb bedeuten höhere Gewinne. Höhere Gewinne garantieren bessere Löhne. Bessere Löhne bedeuten ein sorgloseres und sicheres Leben. Ein sicheres Leben verspricht Glück. Also: Investitionen erhöhen das Lebensglück«!

Praxis-Tipp: Zur Betonung empfohlen
Die Anaphora, Epiphora und vor allem Anadiplose sollten Sie einsetzen, wenn Sie einen zentralen Gedanken besonders hervorheben und betonen möchten.

Rhetorische Wirkfrage

Mutklasse 2: bekanntes Terrain verlassen, etwas Neues wagen

Eine rhetorische Frage ist eine Frage, auf die keine Antwort erwartet wird, etwa: Welche Probleme erwarten uns? Wie funktioniert nun diese neue Reinigungsmaschine? Wem können wir in der heutigen Zeit noch vertrauen?

Fragen in einer Rede lösen selbstverständlich grundsätzlich Spannung aus und erhöhen die Aufmerksamkeit: Der Zuhörer wird angesprochen, plötzlich scheinbar aus der Passivität gerissen. Zu oft anwenden sollten Sie dieses Mittel allerdings nicht, denn tatsächlich halten Sie ja eine Rede, der nun einmal zu eigen ist, dass einer spricht und die anderen eben nicht.

Eine rein rhetorische Frage löst zudem nur in den seltensten Fällen Spannung aus. Sie enthält wenig Energiepotenzial; jeder könnte sie für sich anders beantworten. Zudem lassen die meisten Redner dem Publikum keine Zeit, die gestellte Frage nachwirken zu lassen.

Besser ist es also, zur rhetorischen Wirkfrage zu greifen, zur Steigerung der rhetorischen Frage. Ihr Ziel: Betroffenheit auszulösen. Der Zuhörer soll innehalten, in sich gehen, nachdenken – und jeder unter Ihren Zuhörern wird mit sehr großer Wahrscheinlichkeit zu demselben Ergebnis kommen. Einige Beispiele:

- »Würden Sie Ihr Kind vier Monate allein lassen«?
- »Machen Sie niemals Fehler«?
- »Denken Sie, Rom wurde an einem Tag erbaut«?
- »Haben Sie etwas zu verschenken«?

Nach dem Stellen der Frage machen Sie eine Pause, in der in den Köpfen der Zuhörer der Gedanke entsteht: »Selbstverständlich ja« oder »Selbstverständlich nein«. Allerdings: Nur wenn die Frage richtig formuliert ist, die Betonung passt und die Pause richtig eingesetzt wird, erreichen Sie die notwendige Dramatik. Ein kleiner Satz mit großer Wirkung.

Rhetorische Wirkfragen sind nach einem ganz bewussten Schema aufgebaut:

Bilden Sie zunächst im Geiste einen (selbstverständlichen) Aussagesatz, der mit »alle/jeder« oder »niemand/keiner« beginnt. Und dann stellen Sie diesen Satz einfach infrage. Im Falle der obigen Beispiele etwa lautet der Ausgangssatz »(Selbstverständlich) Niemand würde sein Kind vier Monate alleine lassen«. Sie aber fragen: »Würden Sie Ihr Kind vier Monate allein lassen«? Gleichfalls offensichtlich: »(Selbstverständlich) ALLE machen Fehler«. Sie aber fragen: »Machen Sie niemals Fehler«? und so weiter.

Ein Tipp: Die Vermeidung eines Negativszenarios ist immer energetisch höher als die Erreichung eines Positivszenarios. Anders gesagt: Welche Frage macht Sie betroffener? »Möchten Sie nicht auch ab morgen mehr verdienen«? oder »Möchten Sie bis an Ihr Lebensende mit dem gleichen Gehalt auskommen«? Oder: »Wollen wir nicht alle gesund und aktiv bleiben«? contra »Wollen Sie eines Tages in der Klinik die Diagnose Kehlkopfkrebs bekommen«? Das Negativszenario (bei dem sich der Zuhörer etwa in einem Krankenhaus liegen oder den Rest seines Lebens mit dem gleichen Gehalt versauern sieht) löst größere Betroffenheit aus und bringt oft Empörung oder Entsetzen – also Energie – mit sich. Und diese wiederum können und sollten Sie für den weiteren Verlauf Ihrer Rede nutzen. Auch hier also spielt die Dramaturgie Ihrer Rede eine sehr große Rolle – sie sollte eine Aussage vorbereiten, der Sie im weiteren Redeverlauf besonders viel Gewicht geben möchten.

Praxis-Tipp: Nicht klotzen, kleckern
Eine rhetorische Wirkfrage muss in den Kontext Ihrer gesamten Rede passen. Zu viel Dramaturgie in einem einfachen Grußwort etwa kann schnell ins Lächerliche abgleiten. Gezielt eingesetzt aber erhöht dieses Stilmittel die Wirkung Ihrer Rede immens.

Praxis-Tipp: Achtung in Bierzelten!
Alle Arten von Fragen – ob rhetorische Fragen oder gar rhetorische Wirkfragen – sind in Bierzelten ungeeignet. Je später der Abend, desto leichter findet sich ein »Witzbold«, der einen uncharmanten Einwurf auf Ihre Frage hat. Die Ernsthaftigkeit geht dann in einem Meer von Gelächter unter.

Anonymes Reden

Mutklasse 2: bekanntes Terrain verlassen, etwas Neues wagen

Sie möchten bei Ihren Zuhörern Spannung, Neugierde und Interesse auslösen – und das »Anonyme Reden« ist hierfür bestens geeignet. Der Kern des Stilmittels: Sie sprechen über ein Objekt, zunächst aber anonym, also ohne es konkret zu benennen. Angenommen, Sie sollten etwas über Ihre Lieblingsstadt erzählen. Die meisten Menschen würden wohl in etwa wie folgt beginnen: »Meine Lieblingsstadt ist New York. In New York leben ungefähr zehn Millionen Menschen, und ich war schon drei Mal dort. Im Winter ist es dort sehr kalt ...« und so weiter.

Nun hören Sie, wie die folgende Variante klingt:

»Die Stadt, von der ich Ihnen erzählen will, liegt in einer Gegend der Welt, in der sehr hohe Berge sind. Mitten in diesen Bergen liegt ein See. An den Rändern des Sees wachsen steile Hänge empor. Dieser See hat einen Abfluss. Am Ufer dieses Abflusses liegt die Stadt. Diese Stadt ist sehr alt. Wenn Sie durch die Altstadt laufen, sehen Sie enge Gassen gesäumt von mächtigen wehrhaften Mauern. Einmal im Jahr ist ein großes Fest in dieser Stadt. Zehntausende von Menschen strömen zu diesem Fest. Sie alle sind verkleidet. Das Fest nennen die Einheimischen ›Fassnacht‹ und die Stadt heißt ... Luzern.«

Mit etwas dramaturgischem Geschick fesseln Sie Ihre Zuhörer so mit einer Geschichte, die sie gefangen nimmt und deren Ausgang sie unbedingt erfahren wollen. Für die anonyme Rede können Sie den folgenden Leitsatz verinnerlichen: Benennen Sie nicht das Objekt, über das Sie sprechen wollen und sagen Sie an dessen Stelle »diese«, »dieses« oder »dieser«. Dann müssen Sie »nur noch« eine kleine Geschichte um das anonyme Objekt herum erzählen – und schon haben Sie das Stilmittel in Ihre Rede integriert.

Praxis-Tipp: Nicht zu offensichtlich, nicht zu langatmig

Wenn für Ihre Zuhörer zu offensichtlich ist, worüber Sie reden werden, müssen Sie das Thema auch nicht verschlüsseln. Wenn etwa jeder weiß, dass Sie nun den neu entworfenen Kühlschrank präsentieren werden und Sie Ihre Rede mit anonymem Reden beginnen, ist dieses Stilmittel sicherlich fehl am Platz. In diesem Fall könnten Sie aber mit der Idee hinter dem Produkt in Ihre Rede einsteigen und dann über Ihre eigene persönlichen Erfahrung zu dem kommen, über das Sie schlussendlich sprechen möchten. Anbei hören Ihre Zuhörer generell viel lieber persönliche Bewertungen und Ansichten als Allgemeinplätze und Meinungen unbekannter Dritter.

Auch zu viel Spannung kann Ihrer Rede schaden und Verwirrung stiften. Nutzen Sie die anonyme Rede also lieber nicht zu oft. Selbst die noch so kunstvoll aufgebaute Spannung flacht irgendwann ab. Wenn die Zuhörer zu lange »gelockt« werden, verlieren sie die Lust, Ihnen zuzuhören.

Richtig argumentieren – Werden Sie konkret

Wie Sie es schaffen, Ihre Rede mit »Inhalten« anzureichern? Inhalten, die nicht nur gut klingen, sondern berühren, wirken, überzeugen? Vielleicht müsste man die Frage einmal anders stellen: Warum werden Inhalte in Reden so oft NICHT transportiert, Menschen NICHT berührt?

Oft liegt es daran, dass die Rede von Allgemeinplätzen überquillt. Der Grund: Viele Redner schreiten allein um des Redens willen ans Rednerpult. Zu sagen haben sie nichts – zumindest nichts, das sie sich im Vorfeld überlegt hätten.

Allzu oft werden Menschen aufgefordert, »eben auch mal kurz was dazu zu sagen«. Also schreiben sie ein paar Stunden vorher »mal eben« ein paar Sätze auf PowerPoint-Folien und hoffen, das werde schon passen.

Es ist wahr: Allgemeine Aussagen von sich zu geben, ist nicht schwierig. Da sind die einen flexibel, die anderen dynamisch, da werden Kundenträume gebastelt und Wählerwünsche erfüllt. Lang und ausschweifend zu reden, ist nicht schwer. Kurz und prägnant dagegen sehr. Um es mit Antoine de Saint-Exupéry zu sagen: »Ein Text ist nicht dann vollkommen, wenn man nichts mehr hinzufügen kann, sondern dann, wenn man nichts mehr weglassen kann.«

Wie aber schaffen Sie es, konkret zu werden? Zunächst natürlich: indem Sie sorgfältig an Ihrer Rede arbeiten. Konkretwerden heißt Zeit aufwenden. Jede Redewendung, jede Aussage, jeden Satz überprüfen. Bin ich konkret? Verstehen meine Zuhörer genau, was ich meine? Spreche ich nicht zu kompliziert? Sind meine Sätze kurz und prägnant?

Die folgenden Stilmittel helfen Ihnen, Ihre Rede konkreter und anschaulicher zu gestalten.

Details, Details, Details

Mutklasse 1: leicht, für jeden mit entsprechender Übung machbar

Lebendigkeit lebt von Details. Es ist ein Unterschied, ob Sie sagen »Unsere Partnerschaft begann vor 60 Jahren« oder »Unsere Partnerschaft begann vor 60 Jahren, in einem Sommer wie diesem. Sie begann an jenem Tag, an dem das erste amerikanische Flugzeug den Boden des Flughafens Tempelhof berührte.«

Dies war ein Teil der Rede von Barack Obama am 21. Juli 2008 in Berlin. Mit den genannten Details wirkte sie lebendiger und glaubwürdiger. Fokussieren Sie Ihre Aussagen auf das Wesentliche, aber schaffen Sie mit Details auch Ergriffenheit. Es ist ein Unterschied, ob Sie sagen »Ich weiß, Sie bangen um Ihre Aufträge, denn die Zeiten sind härter geworden« oder »Viele von Ihnen können des Nachts kein Auge mehr zutun, weil sie nicht wissen, ob sie eines Morgens aufwachen und ihre Arbeit verloren haben«.

Anders gesagt: »Brechen« Sie Ihre Aussagen »herunter« auf die kleinste Einheit. Das, was den einzelnen Menschen berührt und betrifft. Sprechen Sie etwa nicht von »50 Prozent Abschreibungen«, sondern von »monatlich 200 Euro mehr auf Ihrem Konto«.

Auch Martin Luther King brachte es in seiner »I have a dream« – Rede gut auf den Punkt – mit einer Passage, die unter die Haut geht:

»Ich habe einen Traum, dass eines Tages in Alabama mit seinen bösartigen Rassisten, mit seinem Gouverneur, von dessen Lippen Worte wie ›Intervention‹ und ›Annullierung der Rassenintegration‹ triefen …, dass eines Tages genau dort in Alabama kleine schwarze Jungen und Mädchen die Hände schütteln mit kleinen weißen Jungen und Mädchen als Brüdern und Schwestern.«

Beispiele und Statistiken

Mutklasse 1: leicht, für jeden mit entsprechender Übung machbar

Auch Beispiele und Statistiken helfen Ihnen, konkret zu werden. Wenden wir uns zunächst ersteren zu: Können Sie etwa mit einem (gern überprüfbaren) Beispiel beweisen, dass Sie etwas geleistet haben, müssen Sie Ihre Leistung nicht erklären – Sie können sie »zeigen«. Das ist gut, denn die Menschen in unserer heutigen Welt sind viel kritischer geworden. Vorteile eines Produktes, einer Sache oder einer Person aufzuzählen allein reicht heute nicht mehr, denn Ihre Zuhörer kennen diese Leier bereits auswendig. In den Werbeschmieden dieser Welt wird alles schöngeschrieben – für Geld und nicht selten gegen die Moral. Ihre Zuhörer werden Ihre Lobeshymnen also mit großer Wahrscheinlichkeit hinterfragen. Zum Glück. Denn Sie sind darauf vorbereitet und beweisen Ihren Zuhörern Ihren Redeinhalt nicht mit Argumenten, sondern mit Beispielen. So könnte etwa ein Controller bei einem Infoabend für seine Beratungsleistung des Controllings ganz konkret berichten, wie seine Beratung einen Kunden vor dem Konkurs gerettet hat:

»Ich beriet vor einiger Zeit einen Unternehmer, der umbauen wollte. Alles war schon geplant, die Finanzierung von der Bank bereits zugesichert. Zum Glück entschied der Unternehmer sich doch noch in letzter Minute zu einer Analyse seiner Situation.

Anhand des Controllings konnte mein Kunde sofort feststellen, dass das Unternehmen diese finanzielle Last niemals hätte tragen können. Es hätte in den nächsten Jahren Konkurs anmelden müssen. Nun wurden die Bauphasen auf mehrere Jahre hin sicher umverteilt – und der Kunde war gerettet.«

Wenn Sie diese Geschichte detailliert erzählen, brauchen Sie von den anderen Vorteilen des Controllings nur mehr wenige.

Eine andere Möglichkeit zu konkretisieren bieten Ihnen Statistiken. Natürlich sind diese generell mit Vorsicht zu genießen, denn meist gibt es zu jeder Statistik auch eine Gegenstatistik. Und mit einer widerlegbaren Statistik sammeln Sie – es liegt auf der Hand – selten Punkte. Eine Statistik gibt es allerdings, die es in sich hat: jene, die Sie selbst durchgeführt haben. Wenn Sie berichten, wie Sie selbst gemessen, geschrieben und gezählt haben, kann Ihnen dies zum einen kaum jemand widerlegen und zum anderen steigt der »gefühlte« Wahrheitsgehalt enorm.

Klaus Kobjoll etwa, der Inhaber des vielfach ausgezeichneten und renommierten Seminarhotels Schindlerhof in Nürnberg, macht dies in seinen Seminaren laufend. Eine Gruppe seiner vielen Systematiken besteht aus selbst erstellten Statistiken, die er in den öffentlichen Seminaren auch preisgibt. Zum Beispiel gibt es eine Statistik, die er in der Küche seines Hotels durchgeführt hat. Nachdem die Meinungsumfragebögen bei den Gästen ergeben haben, dass die Wartezeiten auf bestellte Gerichte zu lange seien, begann Kobjoll, diese Zeiten zu messen. Er stand in der Küche und maß die Zeit, die ein Gericht benötigte, um von der Bestellung bis zum Gast zu gelangen. In seinen Seminaren erzählt er von seinen Maßnahmen, die er im Anschluss mit seinem Team durchgeführt hat, und zum Abschluss kommt natürlich die zweite Statistik, die die Maßnahmen beweist. Das stellt (vorerst) niemand infrage.

Vergleichszahlen

Mutklasse 2: bekanntes Terrain verlassen, etwas Neues wagen

Wie gehen Sie mit Zahlen um? Werfen Sie nahezu wahllos jede Zahl in den Zuhörerraum, die Ihnen zum Thema in den Sinn kommt, oder beschränken Sie sich auf zwei bis drei der wichtigsten? Letzteres? Das ist gut. Allerdings schützt Sie auch dies nicht davor, mit der genannten Zahl nicht die gewünschte Wirkung zu erreichen. Wenn ein Redner etwa sagte, ein Bild eines berühmten Malers koste 2000 Euro, würden einige Zuhörer vermutlich denken: »Was? So viel für ein paar Pinselstriche?!« Einige Kunstkenner hingegen wird der Preis kaltlassen: »Na ja, da gibt es erheblich teurere.« Anders gesagt: Jeder von uns hat einen anderen Bezug zu bestimmten Zahlen. Vorkenntnisse und persönlicher Zugang zum Thema entscheiden, wie wir diese aufnehmen. Geben Sie also nie Zahlen bekannt, ohne im Vorfeld einen persönlichen Bezug anzubieten, in dessen Kontext Ihre Zuhörer diese Zahlen einordnen können. Wie Sie das konkret umsetzen können? Ganz einfach: mit einer Referenzgröße oder mehreren Referenzzahlen.

Nehmen wir an, Sie wollen Ihre Mitarbeiter dazu motivieren, Überstunden zu machen. Jetzt könnten Sie natürlich sagen: »Wir müssen täglich 30 Minuten mehr arbeiten, um am Markt bestehen zu können!« Mit Referenzzahlen klänge es so: »Sie alle kennen unsere Gewinnzahlen vom letzten Jahr. Es sieht nicht rosig aus. Wir haben einen Gewinneinbruch von 30 Prozent gehabt. Was uns zwar nicht beruhigt, aber doch eine Erklärung liefert, ist: Der ganzen Branche ist es nicht viel besser gegangen. Und die anderen Betriebe der Branche haben reagiert und inzwischen Maßnahmen ergriffen. In fast allen Betrieben haben die Mitarbeiter akzeptiert, dass Überstunden unabwendbar sind, um am Markt bestehen zu können. Das ist auch das, worum ich Sie bitten möchte. Schauen wir uns an, wie die anderen das Problem gelöst haben: Bei der Kleist AG machen die Mitarbeiter pro Tag 45 Minuten Überstunden, bei der Müller GmbH sogar 60 Minuten. Ich habe mir für unseren Betrieb eine Überstundenzeit von 30 Minuten vorgestellt. Damit können wir es schaffen.«

In der nun folgenden Rede im Schweizer Parlament nahm der Abgeordnete Hugo Wick den Kritikern den Wind mittels Vergleichszahlen aus den Segeln. Es ging um die Errichtung eines Selbsthilfedorfes für Drogenabhängige. Natürlich spielt bei so einem Projekt nicht nur die ethisch-moralische Seite eine Rolle, auch die Geldfrage muss geklärt werden:

Praxis-Tipp: Referenzzahlen klug einbinden

1. Nennen Sie immer zuerst die Vergleichszahl und erst danach die Zahl, auf die es Ihnen ankommt. Niemals umgekehrt.
2. Bevor Sie Ihre eigene Zahl nennen, machen Sie (wenn möglich und nicht zu melodramatisch) eine PAUSE. »Ich habe mir für unseren Betrieb eine Überstundenzeit von [Kunstpause] 15 Minuten vorgestellt.«
3. Drei universelle Möglichkeiten, eine brauchbare Vergleichszahl zu formulieren, sind:
   - »Wir haben XY erwartet ...«
   - »Im Durchschnitt aller ...«
   - »Üblich sind ...«

»[...] Ich habe die Zahlen zusammengerechnet. Ich habe den Kapitalzins dazugezählt. Ich habe das durch die Anzahl Personen geteilt, also etwas ganz Gewöhnliches, das wir hier in diesem Hause immer machen ... Dann kostet ein solcher Insasse, Patient, Mensch in diesem Selbsthilfedorf etwa 30 000 Franken im Jahr. Wenn Sie diesen Betrag mit dem für einen Knaben oder Mädchen in einem staatlichen Waisenhaus vergleichen – bedeutend weniger problematische Menschen –, dann ist das weniger als die Hälfte, denn diese kosten in Basel über 80 000 Franken pro Jahr.«

Die Vergleichszahl ist hier an zweiter Stelle genannt worden. Hier hätte sich der Redner noch verbessern können. Denn gemäß der Spannungssteigerung gilt: Die Vergleichszahl zuerst, dann Ihre Zahl.

Beim Suchen und Finden griffiger Vergleiche helfen Ihnen etwa das statistische Bundesamt, die Handelskammer oder anderweitige Recherchen bei renommierten Institutionen im Netz oder am Telefon.

Praxis-Tipp: Zahlen nie mehr ohne Kontext
Betrachten Sie fortan jede Zahl vom Standpunkt des Zuhörers aus. Begnügen Sie sich nicht mit den Hilfswörtern »viel« oder »wenig«. Nutzen Sie Vergleichszahlen, damit klar wird, wie SIE die Zahl bewerten – und geben Sie Ihren Zuhörern somit die Möglichkeit, sie so zu bewerten, wie Sie sie von ihnen bewertet sehen möchten.

Vorteil in Geld umrechnen

Mutklasse 2: bekanntes Terrain verlassen, etwas Neues wagen

Das Umrechnen des Vorteils in Geldwerte ist die interessanteste »Formel«. Bei dieser sagen Sie Ihren Zuhörern nicht nur, was Ihr Produkt, Ihre Idee kostet, sondern vor allem, was es ihnen bringt.

Natürlich sollte »das kostet« am Ende eine kleinere Zahl sein als »das bringt«.

Nicht nur Anschaffungskosten lassen sich in Geld umrechnen, auch Zeiten, Mitarbeitertage, Abzahlungen, Krankentage. Manche Redner denken, ihre Zuhörer könnten sich diese Zahlen schon selbst ausrechnen und erwähnen sie daher nicht. Schließlich liegt es ja – zum Beispiel – auf der Hand, dass Fehlzeiten von Mitarbeitern den Betrieb Geld kosten. Wer aber hier auf das Mitdenken seiner Zuhörer vertraut, der irrt. Ihr Publikum hört im besten Fall zu und kann in der gleichen Zeit nicht Rechnungen anstellen. Argumente sind zwar gut und richtig, aber das Argument Geld hat in vielen Kreisen die höchste Energie.

Hier eine Passage einer Atemtrainerin, die in einer Präsentation für ihr Training warb:

»Ich habe mir von Ihrer Personalabteilung Ihre Krankheitsstatistiken besorgt. Bei Ihnen ist jeder Mitarbeiter durchschnittlich 14,5 Tage pro Jahr krank. In der letzten Firma, in der ich war, lief das Atemtraining über vier Monate, sodass die Mitarbeiter das neue Atmen auch wirklich verinnerlichen konnten. Ihre Gesundheit hat sich währenddessen merklich verbessert. Das konnten wir am Krankenstand ablesen. Am Ende des Jahres waren es 34 Prozent weniger Krankentage.

Wenn ich das auf Ihre Firma übertrage, dann würde das bedeuten, dass Sie jeden Mitarbeiter fast fünf Tage länger hier in der Firma haben. Seien wir aber zurückhaltend und rechnen nur mit vier Tagen. Ein Mitarbeiter erbringt Ihnen durchschnittlich 280 Euro pro Tag – hochgerechnet auf Ihre 120 Mitarbeiter macht dass eine Summe von 134 000 Euro zusätzliche Arbeitsleistung jedes Jahr. Für mein Atemtraining bezahlen Sie aber nur 22 000 Euro einmalig.«

Weitere Argumentationsarten

Einige weitere gute Möglichkeiten, Ihre Ansichten, Fakten, Daten und Zahlen wirkungsvoll an den Mann oder die Frau zu bringen, sind:

- Erinnern Sie die Zuhörer an gemeinsam beschlossene Abmachungen, gemeinsame Beschlüsse. Das schafft Verbindlichkeit.
- Sprechen Sie von gemeinsamen Erfahrungen.
- Appellieren Sie an Normen und Wertvorstellungen, Image und Ethik.
- Wagen Sie Prognosen, aber achten Sie auf Ihre Glaubwürdigkeit.
- Binden Sie Bilder, Geschichten und Anekdoten in Ihre Rede ein (siehe auch Kapitel 3.4.1. »Bilder/Geschichten«).
- Binden Sie die Meinung anderer Persönlichkeiten (Zitate) ein – umso besser, je anerkannter deren Autorität ist.
- Persönliche Gefühle und Erfahrungen können sehr stark auf Ihr Gegenüber wirken. Hierbei sind aber gegenseitiges Vertrauen und gegenseitiger Respekt unerlässlich.
- Besonders wirksam sind eigene Gedanken und Analysen. Leider haben sie in den meisten Reden Seltenheitswert, wirken aber hervorragend, wenn sie einfach und klar vorgetragen werden.

Der Einsatz technischer Hilfsmittel

In vielen Rhetorik-Büchern wird lange und ausführlich über den Einsatz von technischen Hilfsmitteln geschrieben. Zu diesen gehören Wandtafeln, Flipcharts, Pinnwände, Tageslicht-/Overhead-Projektoren, Media-Abspielgeräte (CD, Video, DVD), Computer/Notebook oder Beamer (LCD-Projektoren). Es gibt sogar Bücher, die sich ausschließlich dieser Thematik widmen. Mein Buch aber, das das Reden zum Thema hat, streift den Komplex der technischen Hilfsmittel lediglich. Warum? Weil eine Rede zu 99 Prozent einzig und allein mit dem Redner zu tun hat. Die oberste Grundregel beim Einsatz technischer Hilfsmittel lautet demnach: »Menschen überzeugen, nicht technische Hilfsmittel.«

Technik ist hervorragend dazu geeignet, auf sehr einfache Art und Weise von uns Menschen, von uns Rednern, abzulenken. Aber ist das Ihr Ziel? Verwechseln Sie nicht eine Rede oder eine Präsentation mit einem Workshop oder einem Seminar. Zeit und Möglichkeiten, die Sie im Gegensatz zu dort zur Verfügung haben, sind ungleich kürzer bemessen. In einer maximal vierzigminütigen Rede zählt einzig und allein der Mensch, der redet: Sie. Und deshalb beschränkt sich der folgende Abschnitt auch auf die gängigsten und wichtigsten Hilfsmittel – damit mehr der Redner und weniger die Technik in Ihren Reden und Präsentationen brilliert.

Arbeiten mit Folien/PowerPoint

Mutklasse 2: bekanntes Terrain verlassen, etwas Neues wagen

Heutzutage werden fast alle Präsentationen mit einer Präsentationssoftware vorbereitet und gehalten. Der Name dieser Software ist in den meisten Fällen PowerPoint von Microsoft. Letzten Endes ist es aber unerheblich, welche Software Sie nutzen oder ob Sie vielleicht sogar noch mittels Overheadprojektor-Folien arbeiten, denn für all diese Folien gilt: Sie können Stimmung und Spannung Ihres Vortrags nachhaltig zunichtemachen. Was schlecht ist, denn Langeweile unter den Zuhörern ist des Redners Tod.

PowerPoint (das im Folgenden der Einfachheit halber stellvertretend für alle Folienpräsentationsarten steht) ist natürlich nicht prinzipiell verdammenswert. Selbstverständlich können visuelle Hilfsmittel Ihre Präsentation »aufpeppen«, sie interessanter oder verständlicher gestalten. Um mit Ihren Folien Interesse zu wecken statt Langeweile zu säen, sollten Sie die folgenden zehn Grundregeln kennen und befolgen:

Folienregel 1: Menschen überzeugen, nicht technische Hilfsmittel

Haben Sie jemals einen Politiker wegen seiner Programme gewählt? Die meisten von uns folgen doch Menschen und nicht Meinungen, Ansichten oder Überzeugungen. Von dieser »Bürde« können auch Sie als Redner sich freimachen. Beliebtheit und Zurückgezogenheit, Erfolg und Anonymität, das ist gemeinsam kaum möglich. Also müssen Sie selbst überzeugen. Als Mensch. Mit Ihrem Wesen. Verstecken Sie sich nicht hinter Ihren Folien.

Folienregel 2: Eine Folie, die sich selbst erklärt, ist eine schlechte Folie

Ist eine Folie selbsterklärend, benötigt man Sie nicht mehr. Eine gute Folie benötigt immer einen Redner, der ihren Inhalt erklärt und verständlich macht. Wären Ihre Folien selbsterklärend, könnten Sie die Folien-Diashow einschalten und in der Zeit, in der sie durchläuft, die Kantine aufsuchen. Sie selbst sollten im Zentrum stehen und Ihre Meinungen vertreten, Ihr Wissen sichtbar machen.

Folienregel 3: Eine Folie muss in zwei Sekunden verstanden werden

Machen Sie den Folientest. Zeigen Sie jemanden Ihre Folie, ohne sie vorher zu erklären. Zwei Sekunden lang, nicht länger. Kann Ihr Bekannter danach die Folie erklären, ist es gut. Benötigt er länger, sollten Sie Ihre Folie optimieren. »Wieso?«, mögen Sie nun fragen. Schließlich besagt doch eine viel zitierte Regel, dass Informationen, die zusätzlich mittels eines zweiten Sinneskanals aufgenommen werden, besser im Gedächtnis bleiben. Das mag sein, aber sicher ist auch, dass kaum ein Mensch zwei Gedanken exakt zur gleichen Zeit denken kann. Und daher können auch Ihre Zuhörer in der Regel nicht Ihre Folien verstehen oder »analysieren« und Ihnen gleichzeitig aufmerksam zuhören. Deshalb müssen Sie dem Zuschauer auch während Ihrer Rede diese zwei Sekunden Zeit geben, die Folie zu betrachten, und erst dann sprechen Sie weiter. In Kombination mit Folienregel 2 wirkt dies auf den ersten Blick befremdlich: Der Zuschauer muss verstehen, was auf der Folie gezeigt wird, es aber gleichzeitig nicht komplett verstehen, damit der Redner weiterhin im Zentrum steht? Ja, genau so ist es. Und hiermit wären wir bei der nächsten Regel:

Folienregel 4: Fotos immer flächendeckend

Fotos erzeugen Emotionen und Gefühle. Sie können einerseits innerhalb von zwei Sekunden verstanden werden (»Ach, das ist die neue Maschine!« »Das ist ein Bauteil. Was will er mir damit sagen?«), benötigen aber andererseits immer noch den Redner, der dieses Foto und dessen Zusammenhänge erklärt. Nur Gefühle und Bilder haben die Macht, ohne analytische Denkarbeit des Gehirns in das Unterbewusstsein zu gelangen und Meinungen zu erzeugen. Verteilen Sie Ihre Fotos oder Bilder immer flächendeckend auf der Folie. Dann können sie ihre Wirkung besser entfalten.

Folienregel 5: Sprechen Sie über die Folie, ehe Sie sie zeigen

Amateure decken die Folie auf und sprechen dann darüber. Oft dient die Folie ihnen dann als roter Faden für ihre Redeinhalte.

Spannung erzeugen Sie so bei Ihren Zuhörern allerdings nicht. Wenn Sie allerdings zuerst über Ihre Folie sprechen und sie dann zeigen, haben Sie zwei Vorteile: Erstens werden Ihre Zuhörer neugierig auf die Folie und zweitens können sie Ihnen erst aufmerksam zuhören und danach entspannt (und binnen zwei Sekunden) den Inhalt Ihrer Folie verstehen. Das Ergebnis: maximales Verständnis des Gesagten und Gezeigten gleichermaßen. Dass Sie den Einsatz Ihrer Folien hierbei sehr genau zeitlich abstimmen und im Vorfeld planen müssen, versteht sich von selbst.

Folienregel 6: Eine Folie – eine Botschaft

Je klarer und einfacher eine Folie ist, desto leichter können Ihre Zuhörer sie verstehen und gleichzeitig Ihrer Rede weiterhin folgen. Leider strotzen die meisten Folien vor Informationen und Botschaften. Daher gilt: Maximale Wirkung erzeugen Sie mit einer Botschaft pro Folie. Dem ist auch die nächste Regel verpflichtet:

Folienregel 7: Keine Logos, Fußnoten, Datumsangaben usw.

Folien enthalten aus Marketinggründen meist Logos und oft sogar Adresszeilen. »Corporate Identity« lautet die vermeintliche Zauberformel. Für Sie zu werben, ist aber nicht das inhaltliche Ziel Ihrer Rede. Ihre Rede soll Lust machen auf Ihre Präsentation – sei deren Inhalt nun der Umzug in ein neues Gebäude, eine neue Automarke oder etwas ganz anderes. Wenn Sie diesen Job gut erledigen, werden Ihre Zuhörer sich automatisch auch nach Ihnen als Redner und nach Ihrer Firma erkundigen – weil Sie gut sind, nicht, weil Ihr Logo auf jeder Folie prangt.

Ganz anders verhält es sich natürlich mit den Handouts für Ihre Zuhörer. Hier präsentieren Sie ohne Frage Ihre Zahlen, Daten und Fakten und passen das Layout dem Ihrer Firma an.

Viele Redner bereiten Ihre Präsentation mittels PowerPoint vor und verteilen dann diese Präsentation einfach ausgedruckt auf Papier. Sie sollten es anders handhaben. Warum? Weil eine reine Folienansammlung inhaltlich nur wenig bietet und nach ein paar Monaten für den Betrachter in der Regel komplett unverständlich und zusammenhanglos sind. Als Redner aber sollte es Ihnen ein Anliegen sein, dass Ihre Zuhörer/Zuschauer Ihren Vortrag verständlich und inhaltlich vollständig nachlesen können – und das auch noch nach Monaten oder Jahren.

Folienregel 8: Kein Text, notfalls Stichworte

Multitasking heißt nicht, zwei Dinge gleichzeitig machen zu können, sondern schneller zwischen einer Sache und einer anderen hin und her zu schalten. Es mag also sein, dass begnadete Multitasker in schnellem Wechsel Ihre Folie lesen und Ihnen beim Sprechen zuhören können. Aber auch das beste Gehirn braucht Energie, um einzelne Striche auf der Folie in Buchstaben zu verwandeln, sie zu Worten und hernach zu Sätzen zusammenzufügen, die dann einen Sinn ergeben. Die Energien, die das Gehirn beim analytischen Denken verbraucht, sind Glukose (der Zucker im Blut) und Sauerstoff. Da Sauerstoff in Räumen mit vielen Menschen sowieso schneller zur Neige geht, beschleunigt der andauernde Leseprozess die »Ermüdung« des Gehirnes – und somit der ganzen Person. Zuhörer, die gleichzeitig umfangreiche PowerPoint-Folien lesen müssen, werden deshalb schneller matt und unaufmerksam.

Das bedeutet: Je weniger Text Sie auf einer Folie haben, desto weniger lenkt er Ihre Zuhörer vom Wesentlichen ab – Ihrer Rede und deren Inhalten. Wenn Sie auf Text wirklich gar nicht verzichten können oder wollen: Beschränken Sie sich auf Stichworte oder Zitate.

Folienregel 9: Stichworte zeitgleich mit dem Sprechen aufdecken

Ebenso wie bei den Fotos gilt auch hier: Selbst wenn Sie nur eine Sekunde warten, ehe Sie das Stichwort zeigen, erzeugen Sie Spannung. Decken Sie das Wort also entweder zeitgleich mit dem Aussprechen auf oder lassen Sie Ihren Zuhörern zwei Sekunden Zeit, etwa ein Zitat oder Stichwort nach dem Aufdecken selbst zu lesen – ohne dass Sie dieses laut vorlesen. Zeitgleich mit dem Zuhörer könnten Sie ohnedies nur ein bis zwei Wörter lesen. Versuchen Sie es bei einem ganzen Satz, wird es immer schnellere und langsamere Leser unter Ihren Zuhörern geben, für die Ihre von der eigenen Lesegeschwindigkeit abweichende Stimme in diesem Moment unangenehm ist.

Folienregel 10: Diagramme »nackt« zeigen

Diagramme können Teil einer Folie sein – aber wenn, dann bitte richtig. Auch ein Diagramm können Sie so präsentieren, dass es spannend wird. Zeigen Sie Ihre Diagramme einfach »nackt«. Und decken Sie dann während Sie sprechen die relevanten Zahlen und Daten der Reihe nach auf. Sie »bauen« praktisch die komplette Folie Schritt für Schritt mit Ihren Worten auf.

Praxis-Tipps: Präsentieren leicht gemacht

Fernsteuerung (Presenter): Wenn Sie immer wieder zu Ihrem Laptop eilen müssen, damit die nächste Folie erscheint, lenkt dies nicht nur ab, sondern wirkt auch unprofessionell. Da lohnt sich die (geringe) Investition in einen sogenannten Presenter, der über Funk Ihre Präsentation steuert und es Ihnen ermöglicht, Ihre Folien per Knopfdruck weiterlaufen zu lassen.

Taste B: Bei vielen Laptops können Sie mit der Taste B den Bildschirm auf »Black« schalten. Die Präsentation muss dafür aber meistens schon gestartet sein. Der große Vorteil: Nun können Sie mit einem Knopfdruck Ihre Präsentation starten und müssen nicht erst mit der Maus die Datei anklicken. – »Pack & go«: Eine Präsentation vom eigenen USB-Stick auf einem fremden Laptop zum Laufen zu bringen, ist nicht immer leicht. Umgehen können Sie dieses Problem mit der Funktion »Pack & go« oder »Verpacken für CD ...« (der Name differiert je nach der von Ihnen benutzten Software). Dieses Programm packt all Ihre notwendigen Daten und zusätzlich einen sogenannten Viewer zusammen – macht Sie also unabhängig von Fremdlaptops, da Sie alle wichtigen Programme gleich mit »an Bord« haben. Viele Redner bedenken zudem nicht, dass Multimediafiles meist nicht direkt in der Präsentation eingelagert sind, sondern nur als Verknüpfungspfad existieren. Wenn Sie jetzt nur Ihre Präsentation auf einem anderen Computer abspielen möchten, findet dieser die Multimediafiles nicht mehr. Auch dieses Problem löst »Pack & go«.

Arbeiten mit der Flipchart

Mutklasse 3: erfordert Fingerspitzengefühl, exakte Planung und viel Mut – und für eher introvertierte Menschen viel Übung (oder eine andere Technik)

Die Flipchart gehört zu den unterschätzten Hilfsmitteln eines Redners. Da sie weder elektronisch noch digital funktioniert, wird sie gern als altmodisches Relikt abgetan. Ein Fehler! Tatsächlich ist die Flipchart bei Vorträgen wunderbar zum Präsentieren Ihrer Botschaften geeignet. Hierbei gelten für den Umgang mit ihr je nach Anlass – Workshop, Seminar, Vortrag beziehungsweise Präsentation – andere Regeln. Im Folgenden beschäftigen wir uns mit dem Einsatz der Flipchart bei einem Vortrag, einer Präsentation, einer Rede.

Die Ausgangssituation ist klar: Sie haben zehn bis dreißig Minuten Zeit, Ihre Zuhörer zu überzeugen. Ob Sie dabei vor dem Firmenvorstand oder vor 500 Arbeitern sprechen, ist unerheblich: Der (richtige) Einsatz von Flipchart oder PowerPoint hängt von der Redesituation und den zu vermittelnden Inhalten ab. Was also ist an einer Flipchart so interessant? Die Antwort: Der Akt des Erschaffens! Auf einer Flipchart können Sie Prozesse entwickeln, zeichnen, sichtbar machen. Es ist nicht das Ergebnis, das eine Wirkung erzielt, sondern der aktive Entwicklungsverlauf. Das Ergebnis eines Fußballspiels etwa, das Sie in der Zeitung lesen können, ist niemals vergleichbar mit dem Spiel, das Sie live gesehen, das Sie erlebt haben. Und diese Intensität wird noch überflügelt von der eines Spiels, das Sie selbst oder Ihnen nahestehende Menschen bestritten haben. Kurz: Eindruck erzeugen nicht die Ergebnisse, sondern die Aktionen, die zu diesen geführt haben. Genauso ist es mit der Flipchart: Sie schaffen Neues, und die Menschen schauen Ihnen (das zeigt auch die Praxis immer wieder) dabei gebannt und gern zu. Versuchen Sie es: Eine unaufmerksame Zuhörerschar wird sich Ihnen sofort wieder ganz zuwenden, wenn Sie einen Stift zur Hand nehmen und Ihnen mit ein paar Strichen zeigen, was Sie meinen – und es nicht nur per Klick auf die Leinwand projizieren.

Sieben goldene Regeln für die Arbeit mit der Flipchart:

Flipchart-Regel 1: Nur wichtige Zahlen und Aussagen aufschreiben

Auf eine Flipchart gehören nur Kernaussagen und Kernzahlen – also alles, was notwendig ist, um die zentrale Botschaft zu transportieren. Nur dies. Mehr nicht. Weil ein Mehr an Informationen nur zur Verwirrung, nicht zur Erhellung Ihrer Zuhörer beiträgt. Während Sie weitersprechen, halten Sie die zentrale Botschaft, den zentralen Gedanken auf dem Papier (der Flipchart) fest (siehe auch Regel 4).

Flipchart-Regel 2: Ein Blatt, eine Botschaft

Wie bei Folien gilt auch hier: ein Blatt eine Botschaft (Folienregel 6).

Flipchart-Regel 3: Große Stifte

Versuchen Sie einmal, mit einem normalen Filzstift auf einer Flipchart ein Wort zu schreiben. Dann gehen Sie fünf Meter zurück. Das Ergebnis: Sie können das Wort kaum entziffern.

Die meisten Stifte in Seminarräumen oder Sitzungsräumen sind kleine Stifte. Wenn Sie also möchten, dass Ihre Aussagen wirken: Besorgen Sie sich große, dicke Stifte und nehmen Sie sie zu Ihrer Präsentation mit.

Flipchart-Regel 4: Schreiben und zeitgleich sprechen

Auch an der Flipchart lässt sich Spannung erzeugen. KEINE Spannung entsteht, wenn Sie die Aussage treffen und sie dann aufschreiben. Gleiches gilt, wenn Sie zuerst schreiben und sich dann wieder Ihren Zuhörern zuwenden, um ihnen das eben Geschriebene nun auch noch einmal mündlich mitzuteilen. Die Kunst besteht darin, die Aussage »anzukündigen«, das Wort zu schreiben und es in dem Moment auszusprechen, in dem der Zuhörer erkennt, welches Wort Sie schreiben. Klingt kompliziert? Ist es aber nicht. Versuchen Sie es!

Flipchart-Regel 5: Buchstaben-Abkürzungen statt ganzer Sätze

Wenn Sie mehr als drei Worte auf die Flipchart schreiben möchten, haben Sie ein Problem: Es dauert einfach zu lang. Die Spannung Ihrer Zuhörer flacht ab. Die Lösung: Schreiben Sie nur Buchstaben-Abkürzungen auf die Flipchart. Drehen Sie sich wieder zu den Zuhörern, warten Sie eine Sekunde und sprechen Sie die Abkürzungen dann aus. Ihre Zuhörer werden verstehen wollen, was Sie geschrieben haben. Nahezu automatisch werden Kinderrätselspiele aus der Vergangenheit wach, rätseln Ihre Zuhörer mit, aufmerksam und gespannt. Die besten Zutaten für einen guten Vortrag!

Flipchart-Regel 6: Zeichnungen schaffen Sympathie

Heutzutage sind wir von Technik umgeben. Alles ist hochkomplex. Ist vernetzt, blinkt und ist in Bewegung. Einfachheit und Klarheit sind ruhige Inseln in dieser steten Reizüberflutung. Genau diese Inseln schaffen Sie, wenn Sie eigenhändig kleine Zeichnungen oder Symbole auf die Flipchart zeichnen. Diagramme können und sollten Sie anbei unbedingt von Hand zeichnen. Aber Achtung: Beschriften Sie die Achsen nicht. Eine Referenz reicht. Nehmen wir an, Sie möchten die Umsatzentwicklung Ihres Unternehmens der letzten drei Jahre darstellen. Wie würden Sie normalerweise ein Diagramm aufzeichnen? Sie betiteln X- und Y-Achse, also »Jahre« und »Umsatz in Euro« zum Beispiel. Dann ziehen Sie die Abschnittsmarkierungen und fügen die Jahreszahlen und Euro-Einheiten hinzu. Normalerweise – aber nicht bei einer Präsentation! Der Grund: All diese Zeichnungen nehmen Zeit in Anspruch, reduzieren die Dynamik und lenken vom Wesentlichen ab. In diesem Beispiel reicht vollkommen eine Abschnittsmarkierung auf der Y-Achse, neben die Sie dann etwa »10 Mio.« schreiben. Wenn Sie nun während des Zeichnens der Balken zeitgleich sprechen, erklärt sich das Diagramm mit Ihren Worten: »Im Jahr 2006 haben wir einen Umsatz von zwölf Millionen Euro gemacht [und während Sie sprechen, ziehen Sie den Balken entsprechend hoch]. Im Jahr 2007 haben wir einen Umsatz von zehn Millionen Euro gemacht [wieder ziehen Sie den Balken entsprechend hoch]. Und letztes Jahr lag unser Umsatz bei neun Millionen Euro [Balken ziehen]. Wir haben ein Problem!« Mehr brauchen Ihre Zuhörer nicht, um Ihre Botschaft zu verstehen.

Flipchart-Regel 7: Durchstreichen!

Meinungsführer denken nicht, sie wissen. Das klingt abgehoben, entspricht aber der Wahrheit. Oder wählen Sie Menschen an die Spitze, die »vielleicht etwas wissen« oder »immer alles zehnmal hinterfragen, bevor sie entscheiden«? Auch Meinungsführern unterlaufen Fehler, aber Sie stehen dazu und machen weiter. Dies unterscheidet sie von den Menschen, die alles schlechtreden, aber dafür keinen Mut haben, etwas anzupacken – aus Angst, es könnte ja schiefgehen. Einen Strich durch eine Zahl auf der Flipchart zu machen, klingt einfach, ist aber sehr schwer. Durch diese scheinbare Kleinigkeit setzen Sie sich selbst aber ins beste Rampenlicht.

Nehmen wir an, Sie berichten als Abteilungsleiter Ihren Vorgesetzten von einem Gespräch mit einem Unternehmensberater, den Ihre Firma engagieren möchte. Sie erklären, welche Maßnahmen der Unternehmensberater umsetzen möchte und welche Schwierigkeiten er sieht. Am Ende erzählen Sie natürlich von dem Preis, den der Unternehmensberater verlangt. Diese Zahl schreiben Sie groß auf die Flipchart. Dann streichen Sie diese bewusst mit einem roten Stift durch und betonen dies mit den Worten: »Ich habe ihm gesagt, diese Summe ist für uns nicht akzeptabel! Wir zahlen maximal x Euro!« Diese Zahl schreiben Sie unter die Durchgestrichene.

Flipchart-Regel 8: Mit der Flipchart »interagieren«

Eine Flipchart können Sie schieben, Sie können umblättern, darauf klopfen und auch ein Blatt abreißen und zerknüllen. Für was das gut ist? Sie stehen nicht mehr nur hinter einem Rednerpult, sondern Sie agieren. Sie bringen Dynamik in Ihren Vortrag – und Dynamik erzeugt Spannung.

Anbei: Vielleicht haben Sie sich während des Lesens gefragt, warum eine scheinbar so einfache Sache in die höchste Mutklasse eingestuft wird. Dies liegt tatsächlich weniger an dem technischen Aufwand, sondern daran, dass so wenige Redner mit der Flipchart arbeiten. Als nicht geübter Redner orientiert man sich gern an den anderen. Schnell taucht da der Gedanke auf: »Mache ich mich dabei nicht lächerlich? Ich kann doch nicht mit einer Flipchart präsentieren, wenn alle anderen mit PowerPoint daherkommen?!«

Dass die Überwindung sich lohnt, wissen Sie jetzt. Also: Nutzen Sie die Flipchart und erzielen Sie mit kleinem Aufwand eine große Wirkung.

Faszinieren Sie Menschen

Was steckt hinter der Wirkung von ganz großen Rednern? Was begeistert so sehr, dass die Zuhörer fast willenlos den Vorgaben des Redners folgen? Wie fasziniert man Menschen? Auf diese Fragen gibt es unzählige Antworten. Es stimmt: Was fasziniert, ist stets eine Mischung aus Vielem, sind niemals einzelne Dinge. Eine große Rede ist immer ein Gesamtkunstwerk aus Redner, Umfeld, Stimme, Gestik und Inhalt. Und doch gibt es drei Elemente, die einer Rede ein »Faszinationsmoment« verleihen. Die Kunst besteht darin zu erkennen, wie hoch deren Dosis sein muss und bei welcher Rede man sie einsetzen kann. Prinzipiell können Sie diese Elemente bei jeder Rede verwenden. Die Erfahrung wird Ihnen aber zeigen, wo sie ihre volle Wirkung entfalten können.

Bilder/Geschichten

Mutklasse 2: bekanntes Terrain verlassen, etwas Neues wagen

Schon die Kirche wusste es, und auch die großen Redner wissen es: Geschichten gelangen direkt in das Unterbewusstsein, und Menschen lauschen ihnen mit großer Faszination. Aber als Redner muss man das Geschichtenerzählen üben. Muss einschätzen können, wie lange eine Geschichte dauern darf, um nicht in Geschwafel abzugleiten. Muss darauf achten, dass sie stimmig ist und das Gewollte wirklich zum Ausdruck bringt. Denn Sie erzählen ja nicht spontan und fühlen sich vielleicht auch nicht so frei und ungehemmt wie in einer kleinen Gruppe von Freunden oder Bekannten – müssen aber so klingen, als täten sie es.

Sicher ist: Sie können viel mehr Geschichten erzählen, als Sie meinen. Vielleicht tauchen bei Ihnen auch zuerst Gedanken auf wie: »Das kann ich doch nicht in einer wissenschaftlichen Präsentation erzählen« oder »da mache ich mich doch lächerlich«. Aber hören Sie mal genau hin bei Rednern, die Sie fesseln und begeistern. Fast immer werden Sie eine Geschichte zu hören bekommen.

Eine besondere Form der Geschichte ist ein Bild. Kein rhetorisches wie »Wir segeln in rauem Sturm, liebe Kollegen, und wir alle sitzen im gleichen Boot ...« – sparsam eingesetzt machen solche Sprachbilder Ihre Rede durchaus interessanter, meist wird mit der Bildersprache aber zu viel »gewürzt« und die Rede gerät künstlich, unecht. Sätze wie »Als Napoleon seine nach Ruhm lechzende Zunge bis zu den Eisfeldern Russlands ausstreckte, musste er sich mit verbrannten Fingern zurückziehen« jedenfalls sind eindeutig zu viel des Guten.

Das Bild, das Sie nutzen sollen, ist ein abgeschlossener Teil einer Erzählung, einer Geschichte. Ein Beispiel: »Wissen Sie, wie ein Steinmetz, also ein Steinbildhauer arbeitet? Wenn ein Steinmetz einen Steinquader an einer bestimmten Stelle auseinanderschlagen möchte, zieht er zunächst einen Strich an der Stelle, an der der Stein auseinanderbrechen soll. Dann nimmt er einen Hammer und einen Meißel und haut einmal den Strich entlang. Er schlägt ein zweites und drittes Mal zu – nichts bewegt sich. Er haut zehnmal auf ein und dieselbe Stelle – und noch immer ist keine sichtbare Veränderung an dem Stein zu erkennen. Er haut hundertmal auf immer dieselbe Stelle – noch immer verändert sich nichts. Erst nach dem zweihundertsten, vielleicht sogar erst nach dem dreihundertsten Schlag auf immer dieselbe Stelle macht es plötzlich ›wumm‹. Der Stein bricht exakt an der Stelle, auf die der Steinmetz vorher scheinbar sinnlos dreihundertmal geschlagen hatte.«

Ein sehr schönes Bild – wenn es zu Ihrem Redekontext passt. Fragen Sie sich bei der Auswahl eines Bildes immer: Was haben Sie oder Ihre Zuhörer davon? Bild oder Geschichte müssen einen »Sinn« haben, müssen Eigenschaften, Situationen, Charakterzüge beinhalten, die Sie dann mit Ihrem Anliegen verknüpfen können. Dieses Anliegen steht am Ende Ihrer (Bild-)Geschichte, bildet quasi deren krönenden Abschluss. Denn schließlich sind Sie ja nicht angetreten, um Geschichten zu erzählen, sondern um etwas zu verkaufen.

Wie Ihnen diese Verknüpfung gelingt? Zum Beispiel mittels einer Satzbrücke, die da lautet »Und genau so ist es bei xy ...« oder »Auch bei xy zählt ...« Danach greifen Sie die zentralen Eigenschaften Ihrer Geschichte und Ihres Bildes auf und verbinden diese mit Ihrer Kernbotschaft. Im Falle unseres Steinmetzbildes könnte das Ende etwa – bei einer Veranstaltung mit Jungunternehmern zum Beispiel – so aussehen:

»Wissen Sie, wie ein Steinmetz, also ein Steinbildhauer arbeitet? [...] Erst nach dem zweihundertsten, vielleicht sogar erst nach dem dreihundertsten Schlag auf immer dieselbe Stelle macht es plötzlich ›wumm‹. Der Stein bricht exakt an der Stelle, auf die der Steinmetz vorher scheinbar sinnlos dreihundertmal geschlagen hatte. So ist es auch mit dem Unternehmer. Auch wenn Ihre Erfolge zu Beginn nicht sichtbar sind: Bleiben Sie dran. Bleiben Sie konsequent. Und glauben Sie an Ihre Ziele. Dann können Sie diese nicht verfehlen, dann wird es irgendwann ›wumm‹ machen – und Ihre Ziele werden Wirklichkeit.«

Diese Überleitung zum konkreten Thema, dieses »Abholen« Ihrer Zuhörer ist wichtig. Denn nicht jeder Ihrer Zuhörer schafft es allein, diese inhaltliche Sinnbrücke zu schlagen. Jeder Ihrer Zuhörer könnte etwas anderes aus der Geschichte, aus dem Bild ziehen und Sie hätten Ihr Redeziel vielleicht nicht erreicht.

Anschauungsobjekt

Mutklasse 3: erfordert Fingerspitzengefühl, exakte Planung und viel Mut – und für eher introvertierte Menschen viel Übung (oder eine andere Technik)

Sie könnten eine Rede folgendermaßen beginnen: »Im Jahr 1989 ging ein Imperium zugrunde. [Jetzt nehmen Sie einen Stein aus einer Tüte und halten ihn ins Publikum.] Dies hier ist ein Stück Berliner Mauer.« Ihre Zuhörerschaft wird wie gebannt auf Ihr Stück Stein starren und darauf warten, was als Nächstes kommt.

Anders gesagt: Sobald Sie über etwas sprechen, müssen Sie dem Publikum dieses Etwas mit Ihren Worten erklären. Daran ist nichts auszusetzen. Eine viel höhere Wirkung erreichen Sie aber, wenn Sie dieses Etwas einfach dabeihaben; sei es nun ein Symbol wie ein Schlüssel oder eine Pfeife oder das Produkt oder die Sache, die Sie präsentieren. Das Objekt selbst ist nicht so wichtig. Was zählt, ist seine »Vorführung«.

Ein weiteres Beispiel: Wenn Sie etwa bei der Eröffnung eines Blumenmarktes sprechen, könnten Sie zum Beispiel vor Beginn der Veranstaltung eine schöne Blume in einer Vase auf der Bühne verstecken und sie im geeigneten Moment in die Höhe heben.

Demonstration

Mutklasse 3: erfordert Fingerspitzengefühl, exakte Planung und viel Mut – und für eher introvertierte Menschen viel Übung (oder eine andere Technik)

Bei der Demonstration stellen Sie ein Bild mit echten Objekten dar und verankern Ihre Botschaft so nachhaltiger, prägen sie tiefer ins Bewusstsein Ihrer Zuhörer ein. Der bekannte Finanztrainer Bodo Schäfer etwa vermittelt in seinen Seminaren mittels einer Demonstration sehr anschaulich, warum die meisten Menschen nicht in der Lage sind, von dem, was am Ende des Monats vom Gehalt übrig bleibt, zu sparen. Er nimmt eine volle, geöffnete Wasserflasche zur Hand und beginnt: »Das ist Ihr Gehalt am Anfang des Monats. Jetzt zahlen Sie erst einmal die Miete. [Er schüttelt die Flasche so, dass ein großer Schwung Wasser auf dem Fußboden landet.] Dann müssen Sie Ihr Auto reparieren lassen und tanken. [Wieder verschüttet er einiges Wasser auf den Fußboden.] Dann kaufen Sie zum Essen ein und gehen ab und zu ins Restaurant [Wasser auf den Fußboden]. Jetzt leisten Sie sich mal wieder was zum Anziehen [Wasser auf den Fußboden] ...«

Und so fährt er fort, bis in der Wasserflasche nichts mehr übrig ist. Er schließt mit: »Und jetzt von dem, was übrig bleibt, spare ich dann etwas. Wie Sie sehen, funktioniert das leider nicht. Was Sie tun müssen, ist am Beginn des Monats einen Teil Ihres Gehalts auf die Seite legen und vom Rest schütten Sie aus.« Mit so einer Demonstration ist das Maximum an Begreifbarkeit erreicht.

Aber Achtung: Bedenken Sie, dass eine Demonstration immer nur ein Teil einer Präsentation ist und in das ganze Konzept passen muss. Riesengroße »Action-Demos« können auch schnell in die Lächerlichkeit abgleiten. Demonstrationen können auch viel subtiler ablaufen. Zerreißen Sie zum Beispiel ein Blatt Papier, um zu zeigen, dass für Sie dieses Angebot nicht akzeptabel ist. Fertigen Sie große Zahnräder aus Holz an und vervollständigen Sie ein Zahnradmodell an einer Holztafel. Mit jedem Zahnrad, das Sie zum System hinzufügen, können Sie dessen jeweilige Bedeutung für das ganze System erklären. Am Ende ist die Botschaft, dass sich alle Räder (Menschen, Abteilungen, Firmen usw.) drehen müssen, damit das Ganze funktioniert. Und sollten Sie die Idee mit der Wasserflasche übernehmen wollen: Werfen Sie vor der Demonstration einen Blick auf den Fußboden in Ihrem Vortragsraum – und legen Sie, wenn nötig, vor Redebeginn eine mitgebrachte Unterlage aus, auf der Sie das Wasser dann später ohne Schäden vergießen können.

Bauen Sie eine Beziehung zu Ihren Zuhörern auf

Nicht nur in der Kommunikationspsychologie braucht eine Kommunikation ein Gegenüber. Wichtig ist: Welche Beziehung hat der Mensch mir gegenüber zu mir? Wie steht er zu mir? Was denkt er über mich? In der Rhetorik wird dieses Unterfangen noch schwieriger, da Sie zumeist nicht nur einen Zuhörer haben, sondern viele. Und doch: Wenn Sie es schaffen, mit dem Publikum »zu reden«, als ob es eine Person wäre, wenn Sie eine Beziehung aufbauen, bei der das Publikum gleichberechtigter Partner Ihres Vortrages wird, dann stellen Sie sich mit dem Publikum symbolisch auf eine Ebene – und werden vom weit entfernten Redner auf der Bühne zum sympathischen Kumpel nebenan. Harry Holzheu, Schweizer Rhetorik- und Verkaufstrainer, sieht die Zutaten einer guten Rede folgendermaßen: »Wenn du eine gute Rede halten willst, dann sprich so, wie du mit deinem besten Freund redest, nur etwas lauter!«

Wie Ihnen das gelingt? Interagieren Sie mit dem Publikum. Binden Sie es ein in Ihr Denken und Handeln. Hierzu haben Sie unterschiedliche Möglichkeiten, und wie immer im Leben haben sie Vor- und Nachteile und gibt es bei der Umsetzung einige Regeln, die es zu befolgen gilt. Wichtig ist auch hier: Versuchen Sie niemals, ein Stilmittel nur um des Stilmittels willen einzusetzen. Es muss stets zu Ihnen und zu Ihrer konkreten Rede passen.

Fragen an das Publikum

Mutklasse 3: erfordert Fingerspitzengefühl, exakte Planung und viel Mut – und für eher introvertierte Menschen viel Übung (oder eine andere Technik)

Karl Heinz Grasser, ehemaliger österreichischer Außenminister, ist ein sehr souveräner Redner. Frei und mit Charme bewegt er sich auf der Bühne, man glaubt ihm, was er sagt. Und dennoch stellte auch er schon Fragen an das Publikum falsch. Sein Thema im konkreten Fall: die finanzwirtschaftliche Entwicklung der nächsten Jahre. Immer wieder versuchte er, das Publikum einzubinden, formulierte Fragen wie: »Was meint ihr, was ist das Bruttoinlandsprodukt der USA?« oder »Wie viel, meint ihr, steigt der Rohölpreis in den nächsten Monaten?«

Das Publikum antwortete nicht oder nur mit Gemurmel in den vordersten Reihen. Karl Heinz Grasser störte das anscheinend nicht besonders. Nach der fünften oder sechsten Frage wollte er dann von seinen Zuhörern wissen, ob sie erst »warm werden müssten«. Er fragte dies sehr charmant, aber das Eis brach dennoch nicht. Klare Antworten gab es keine – und würde es mit an Sicherheit grenzender Wahrscheinlichkeit auch in vergleichbaren Situationen nicht geben.

Wieso? Weil Sie als Redner zu einer Masse sprechen. Sich aus dieser Masse anonymer Zuhörer durch eine Antwort herauszuheben, erfordert Mut. Motivation. Viel Energie. Und geschieht daher in der Regel nicht.

Stellen Sie Ihre Fragen also zielgerichteter. Teilen Sie die Masse Ihrer Zuhörer zunächst einmal ein. Anders gesagt: Wenn Sie offene Fragen stellen wollen, also Fragen die nicht nur mit »Ja« oder »Nein« beantwortet werden können, müssen Sie zuerst die Gruppe, die antworten soll, »identifizieren«.

Ein Beispiel: Nehmen wir an, Sie wollen Folgendes wissen: »Wie viel, meinen Sie, steigt der Rohölpreis in den nächsten Monaten«? Dann könnten Sie folgendermaßen vorgehen: »Ich nehme jetzt diese erste Reihe hier repräsentativ für das Publikum. Hier sitzen zwanzig Personen. Wie viel, meinen Sie, steigt der Rohölpreis in den nächsten Monaten?« Jetzt ist die Wahrscheinlichkeit höher, dass Sie eine Antwort bekommen. Eine noch bessere und zielgerichtetere Art, um Antworten zu »provozieren«, erfahren Sie im nächsten Kapitel.

Eine weitere Möglichkeit haben Sie, wenn Sie jemanden direkt ansprechen. Diese Person muss natürlich zu Ihrer Frage passen. Aber Politiker oder Prominente unter Ihren Zuhörern etwa können Sie ohne Weiteres zu einer Antwort auffordern. Achten Sie nur stets darauf, dass Sie dieser Person nicht zu nahe treten: Stellen Sie niemals peinliche Fragen und bringen Sie niemanden in Verlegenheit.

Praxis-Tipp: Antworten wiederholen

Antworten aus dem Publikum erreichen niemals alle Zuhörer – insbesondere jene in den hinteren Reihen nicht. Es liegt in Ihrer Verantwortung, dafür Sorge zu tragen, dass jeder Ihrer Zuhörer diese Antworten dennoch (zumindest akustisch) versteht. Wiederholen Sie also Antworten oder Fragen aus dem Publikum – alle.

Ist die Stimmung unter Ihren Zuhörern gut, können Sie ohne Weiteres auch allgemeine Fragen stellen. Erinnern Sie sich vielleicht an Ihr letztes Fortbildungsseminar? Zu Beginn sagt niemand gern etwas. Am zweiten Tag nachmittags hingegen ist es kein Problem mehr, eigene Gedanken oder Vorstellungen »in die Runde zu werfen«. Die Hemmschwelle ist viel niedriger. Dies gilt auch für Ihre

Zuhörer. Aber: Je größer die Masse, desto schwieriger ist es, Vertrautheit aufzubauen und die Zungen der Zuhörer zu lockern.

Die HH-Abstimmung

Mutklasse 3: erfordert Fingerspitzengefühl, exakte Planung und viel Mut – und für eher introvertierte Menschen viel Übung (oder eine andere Technik)

Eine besondere Form der Einbindung des Publikums ist die sogenannte Hand-Hoch-Abstimmung (HH-Abstimmung). Sie stellen Ihrem Publikum demnach eine Frage, die es mit Handzeichen beantworten soll – und in der Regel auch wird, wenn Sie als Redner Ihre Frage richtig stellen. Dazu muss Ihre Frage zunächst einmal mit einem klaren »Ja« oder »Nein« beantwortet werden können. Bei einer Einschätzungsfrage etwa ist es schwer, dafür oder dagegen zu stimmen. Fragen Sie also nicht »Wer von Ihnen findet meine Schrift schön?«, sondern »Wer von Ihnen kann schreiben?« Nachdem auf diese Frage (in der Regel) alle im Publikum die Hand gehoben haben, könnten Sie fortfahren: »In Kenia können 70 Prozent der Menschen weder schreiben noch lesen ...«

Ihre Frage soll dabei – wie bei der anonymen Rede – die Neugierde der Zuhörer wecken. Ihr Publikum darf sich gern kurz fragen: »Was will der mit der Frage?«, »Was hat das hiermit zu tun?« So erzeugen Sie Interesse. Wichtig ist aber, dass Ihre Frage präzise und klar formuliert ist.

Nachdem Sie Ihre Frage gestellt haben, müssen Sie die Worte »Hand hoch!« auch sagen, damit das Publikum weiß, was es tun soll. Das klingt banal, aber entscheidet über Sieg oder Niederlage.

Wie sehr die Hand-Hoch-Technik selbst Journalisten begeistert, zeigt ein Auszug aus einem Artikel von Tobias Pfeifer für eine Wirtschaftszeitung über den Unternehmensberater Edgar K. Geffroy, der einen Vortrag über das »Tempo als Wettbewerbsfaktor« hielt:

»Geffroy fragt das Publikum: ›Wer kennt Viagra? Hand hoch!‹ Ein Großteil der Teilnehmer hebt die Hand. Zweite Frage: ›Wer benützt Viagra oder hat es schon einmal gekauft‹? Niemand! Und dann die Analyse des Experten: ›Ich ziehe meinen Hut vor einem Unternehmen, das als Marktführer x Millionen Euro Umsatz im Jahr macht, dessen Produkt zwar viele kennen, aber anscheinend niemand kauft.‹«

Die Hand-Hoch-Technik hat aber auch noch einen weiteren, tieferen Sinn. Durch die Anweisung, die Sie dem Publikum geben, entsteht eine Verbindung zwischen diesem und Ihnen. Schließlich wollen die Zuhörer nach der Frage wissen, wie es weitergeht. Wenn Sie etwa fragen: »Wer von Ihnen besitzt ein Sparbuch? Hand hoch!«, werden Ihre Zuhörer selbstverständlich wissen wollen, was es mit dieser Frage auf sich hat. Diese Spannung macht aus Ihnen und Ihren Zuhörern eine Einheit – und lässt Ihr gesamtes Kernanliegen für das Publikum interessanter und greifbarer werden.

Lassen Sie Ihr Publikum aktiv werden

Mutklasse 3: erfordert Fingerspitzengefühl, exakte Planung und viel Mut – und für eher introvertierte Menschen viel Übung (oder eine andere Technik)

Das Publikum nicht nur die Hand heben oder eine Frage beantworten lassen, sondern aktiv werden zu lassen, ist die höchste Stufe der Interaktion mit Ihren Zuhörern. Die meisten Motivationstrainer beherrschen diese Kunst perfekt.

Armin Assinger etwa, Ex-Skirennläufer und heute Moderator, ist auch Motivationstrainer. Bei seinen Vorträgen muss das Publikum an einer bestimmten Stelle aufstehen, dann in die Skifahrerhocke gehen (Assinger macht es auf der Bühne vor) und in dieser Position ausharren. Die Schmerzen, die in den Oberschenkeln auftreten, verbindet Assinger mit seinen Anliegen.

Auch Trainerin Vera F. Birkenbiehl, Spezialistin für gehirn-gerechtes Arbeiten, weiß um die Macht der Interaktion. Einen ihrer Vorträge begann sie folgendermaßen:

»Machen Sie bitte alle mal mit Ihren Händen jeweils eine Faust. [Alle Zuhörer tun es.] Halten Sie die zwei Fäuste vor Ihrem Brustkorb gegeneinander [alle machen es nach] und schauen Sie jetzt mal von oben auf Ihre Fäuste: Das ist ungefähr die Größe Ihres Gehirns. Mehr ist das nicht. Wenn Sie große Hände haben, ist es weniger.«

Ein anderes Beispiel: Eine Rednerin wollte die Geschäftsleitung eines Paraplegikerzentrums (eines Zentrums für Querschnittsgelähmte) davon überzeugen, »Hippotherapie« für die Patienten einzuführen – eine Therapie mit Pferden, die Querschnittsgelähmten hilft, Nebenerscheinungen der Lähmung zu lindern. Zu Beginn ihrer Rede ließ sie alle Teilnehmer im Sitzen mit beiden Füßen auf die Zehenspitzen gehen. Dann sagte sie dem Publikum: »Bitte beginnen

Sie jetzt einmal, Ihre Beine zittern zu lassen.« Eine Minute lang. Das Ergebnis: Das Zittern schaukelte sich bei jedem auf und verselbstständigte sich. Während alle noch mit den Beinen zitterten, fuhr sie fort: »Das ist die Situation, die ein Querschnittsgelähmter erlebt. Sein Knie zittert plötzlich unkontrolliert. Und er kann nichts dagegen tun. Dagegen gibt es ein Medikament, das verabreicht wird. Ich lese Ihnen mal die Nebenwirkungen vor, die dieses Medikament hat: Unkonzentriertheit, Hautausschläge, Appetitlosigkeit, Übelkeit, Sehstörungen usw. Würden Sie Ihr Kind solchen Nebenwirkungen aussetzen? [...] Jetzt gibt es eine Lösung: Hippotherapie! Das ist eine Behandlung auf Pferden. Die Ergebnisse sind wesentlich besser als bei Medikamenten, und es kostet statt 280 Euro pro Behandlung nur 40 Euro pro Behandlung ...«

4. Letzte Vorbereitungen – Einstudieren der Rede

Mark Twain bringt es auf den Punkt: »Wenn ich fünf Minuten reden soll, benötige ich drei Tage Vorbereitung – wenn ich zwanzig Minuten reden soll, benötige ich einen Tag Vorbereitung – wenn ich eine Stunde reden soll, kann ich gleich anfangen.«

Mit anderen Worten: Knappe Reden müssen perfekt vorbereitet sein, ausschweifendes Schwafeln ist nicht schwer. Das gilt auch für Ihre Rede, und zwar generell: Auch wenn Sie viel Zeit haben, sollten Sie das, was Sie sagen möchten, auf den Punkt bringen. Einige Tricks helfen Ihnen dabei.

Redekarten richtig anlegen und nutzen

Sie haben nun bereits alle wichtigen Teile Ihrer Rede zusammengefügt. In der richtigen Reihenfolge, mit den richtigen Stilmitteln. Doch bevor Sie diese Rede nun einstudieren können, müssen Sie wissen, wie Sie die Inhalte korrekt zu Papier bringen. Korrekt heißt in diesem Fall: Wie verfasse ich meine Rede so, dass ich einerseits genau planen kann, was ich in welcher Reihenfolge sagen will, mich andererseits aber nicht auf Formulierungen festlege? Des Rätsels Lösung: Redekarten.

Aber warum, so mögen Sie sich fragen, sollte man denn nicht die Zeit im Vorfeld nutzen, um brillante Formulierungen zu ersinnen, diese in Ruhe zu Papier zu bringen und später dann gut vorbereitet damit zu glänzen? Die Antwort ist so leicht wie die Umsetzung schwierig ist: Weil Ihre Rede lebendig sein soll, darf sie nicht abgelesen werden, sondern muss authentisch und damit umgangssprachlich klingen.

Umgangssprache lebt von Füllseln und sprachlichen Schlenkern. Ein unfertiger Satz wird in der Unterhaltung oder in Ihrer Rede nicht übel genommen, ein kleiner Versprecher fällt nicht auf. Redner aber, die ihre Reden wortwörtlich schreiben und hernach ablesen, bedenken meist nicht, dass es erhebliche Unterschiede zwischen Schriftsprache und gesprochener Sprache gibt. In Schriftsprache zu sprechen, fällt auf – und negativ auf den Redner zurück.

Das war nicht immer so. Bis Mitte der Sechzigerjahre galt im deutschsprachigen Raum der Satz der Schriftsprache als Norm auch für die gesprochene Sprache. Erst zu Beginn der Siebzigerjahre erkannte und studierte man die Besonderheiten der gesprochenen Sprache und erkannte: So, wie Worte und Sätze in Büchern stehen, sprechen wir sie in der normalen Kommunikation eben nicht aus.

Heute unterscheidet die Nähe zur Sprechsprache den Profi-Redner vom Amateur. Wo Profis klingen, als kämen ihnen die Worte ihrer Rede just im Augenblick des Aussprechens in den Sinn, wo sie improvisieren können und Zwischenrufe oder Exkurse sie weder verunsichern noch aus dem Konzept bringen, wo Redeprofis also einen Dialog mit den Zuhörern nicht nur nicht fürchten, sondern suchen, klingen die Worte des Amateurs im Vergleich künstlich. Seine Rede bleibt starr und formelhaft.

Es sind eben nicht die schönen, besonders ausgefeilten Worte, die einer Rede ihren Glanz verleihen. Haben Sie schon mal Thomas Gottschalk gekünstelt reden gehört? Oder Günther Jauch? Sicherlich nicht. Und genau dieser Punkt ist es, dieses Reden, als sprächen sie, wie ihnen der Mund gewachsen ist, der entscheidend zur Souveränität der beiden Entertainer beiträgt.

Schrift- und Sprechsprache: Wichtige Unterschiede

- Bei den Ellipsen zum Beispiel handelt es sich um unvollständige Sätze, die eigentlich nur in der gesprochenen Sprache vorkommen. Am besten erkennt man dies am folgenden Beispiel:

  A: Dieses Jahr fahre ich mal wieder in den Urlaub.

  B: Wohin?

  A: In die Provence.

  B: Alleine?

  A: Mit meiner Frau.

  B: Wann?

  A: Im Juni.

  Innerhalb solcher Satz-Konstruktionen wird nur das ausgesprochen, was für den Hörer überhaupt neu und informativ ist. Genauso geschieht es, wenn wir mit anderen reden: »Du, das war dann so, der Franz hat einfach ... und sowieso hat er keinen Mut. Also, das glaubst du nicht, oder?«

  Übrigens: Auch das Buch, das Sie gerade in Händen halten, steckt voller Ellipsen. Gerade bei Ratgebern erleichtert dies den Lesefluss und sorgt für ein leichteres Verstehen der Inhalte.

- Satzstrukturen sind (teils vollkommen) anders aufgebaut: »Also überhaupt, das versteht doch kein Mensch! Ja, schauen Sie mich nicht so an, liebes Publikum, ich bin überzeugt ...«

- Lexikalische (durch Laute repräsentierte) Hörer- und Sprechersignale, wie zum Beispiel »äh«, »öh«, »also« und »nicht wahr«, machen in der mündlichen Kommunikation die Portionierung einer Äußerung in kleinere Einheiten möglich.

- Einleitungsfloskeln wie »Ich meine ...«, »Ich denke, dass ...« sind eher der Sprechsprache zugeordnet. (Wobei hier weniger mehr ist. Viel zu viele Redner, allen voran Politiker, »glauben« und »denken« – und sollten besser »wissen« und »handeln«.)

- Zusätzlich bedienen Profis sich bei ihrer Rede der weiten Klaviatur von Körpersprache, Stimmmodulationen, Sprechpausen und Sprechdynamiken.

Nur Profis beherrschen die Kunst, Sprechsprache zu schreiben. Zu diesen Profis gehören gute Moderatoren, Drehbuchschreiber, Theaterautoren und natürlich professionelle Redenschreiber. Wer aber nicht über Handwerk und jahrelange Erfahrung verfügt, sollte die Sache anders angehen. Mithilfe der Redekarten.

Redekarten erstellen leicht gemacht
Gliedern Sie Ihre Rede in Redeblöcke, in Sinneinheiten. Pro Sinneinheit entwerfen Sie eine Redekarte und beachten dabei die folgenden Regeln:

- Wählen Sie als Kartengröße DIN A5 oder DIN A6, abhängig von Ihrer Körpergröße.
- Ordnen Sie Ihre Gedanken in Stichworten (entsprechend benannte unten stehende Punkte ausgenommen).
- Ordnen Sie die Stichworte nicht nur inhaltlich logisch, sondern auch grafisch logisch. So unterscheiden Sie auch während des Vortrags auf einen Blick Wichtiges von Zweitrangigem. Schreiben Sie etwa kleine Details immer auf die rechte Seite. Bei Zeitnot können Sie diese dann überspringen, ohne Ihren Redefaden zu verlieren.
- Notieren Sie Hauptstichworte links und ordnen Sie weitere Gedanken weiter rechts an. Verbinden Sie diese Punkte sinngemäß mit Strichen oder Pfeilen.
- Notieren Sie nicht nur die wichtigsten Substantive, sondern auch Verben und Adjektive/Adverbien. Diese unterstützen einen aktiven und anschaulichen Sprachstil.
- Notieren Sie sich kleine sprachliche Wegweiser, die die einzelnen Gedanken logisch verknüpfen.
- Notieren Sie Daten, Zahlen, Zitate und Namen vollständig – selbst dann, wenn sie Ihnen vertraut sind. Nervosität hat schon dem Umsichtigsten peinliche Versprecher beschert.
- Schreiben Sie den ersten und letzten Satz stets wörtlich auf.
- Am Rand der Redekarten bringen Sie Ihre Regieanweisung unter. Also all die kleinen Hinweise, die Ihnen beim Ablauf und Timing Ihrer Präsentation helfen: Punkt sprechen, Pausen, freundlich sprechen, Blickkontakt, gerader Stand usw.

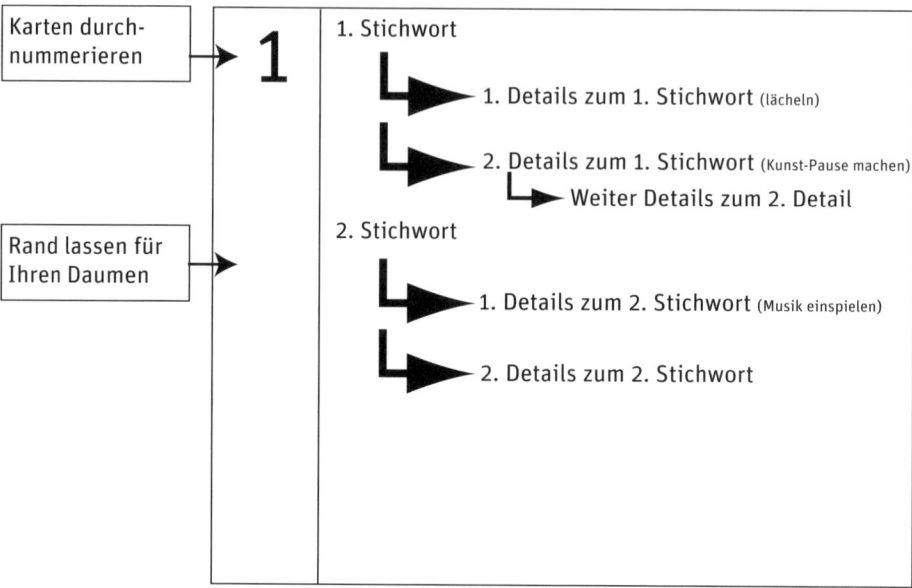

Wenn möglich und sinnvoll, reicht pro Karte eine Hauptbotschaft. Und: Nicht nur Ihre Stimme, auch Ihr Körper spricht. Bei jeder Rede zeigen Sie auch immer etwas von sich selbst. Wie Sie damit am besten umgehen? Indem Sie authentisch bleiben. Die folgenden Tipps helfen Ihnen dabei.

Ihr Körper spricht

Das oberste Prinzip – Stimmigkeit

Das Wort Authentizität wird heutzutage gern ins Feld geführt, um Ehrlichkeit, Natürlichkeit und Nachhaltigkeit zu vermitteln. Politiker, Manager, Führungskräfte, alle wollen »authentisch« sein. Authentisch heißt übersetzt »echt, das Original« und wird im Marketing für Produkte eingesetzt. Will ich das als Mensch? Befinde ich mich nicht immer wieder – je nach Situation, Stimmung, Umfeld – in einer anderen »Echtheit«?

Wir alle tragen Masken, immer wieder neue, abhängig von den Situationen, in denen wir uns befinden. Und dagegen ist auch nichts einzuwenden, denn was das Ziel jedes guten Redners sein muss, ist nicht Authentizität, sondern Stimmigkeit.

Wenn eine Rede gut sein soll, muss alles passen: Der Redner als Mensch, der Redner als »Funktion«, die er in dem Augenblick hat, die Rede als Botschaft, das Umfeld, die Stimmung der Zuhörer, kurz: alles, was die Rede in ihrer Kernaussage beeinflussen könnte. Damit dies geschehen kann, ist es für Sie als Redner wichtig, sich mit den Bedürfnissen und Erwartungen des Publikums ganz genau auseinanderzusetzen. Dabei kann es auch oftmals passieren, dass sich Situationen während der Rede ändern – für Sie, aber auch für Ihre Zuhörer.

Technische Probleme sind hierbei das kleinste Übel. Wenn eine Rede stimmig war, dann empfindet man als Zuschauer den Redner automatisch als authentisch. Aber ein authentischer Redner setzt keine Stimmigkeit der Rede voraus. »Der zerstreute Professor« ist sicherlich hundertprozentig authentisch, wenn er am Rednerpult mehr mit sich selbst spricht als mit dem Publikum, vor sich hin murmelt und eine komplizierte Folie nach der anderen auflegt. Aber ist die Präsentation stimmig? Fühlen sich die Zuschauer und Zuhörer mitgenommen, angesprochen, inspiriert?

Die Untersuchung von Albert Mehrabian

Der amerikanische Psychologe Albert Mehrabian veröffentlichte bereits im Jahr 1971 unter dem Titel »Silent Messages« Forschungsergebnisse zur Wirkung nonverbaler Kommunikation. Das Ergebnis seiner Experimente: Die Wirkung einer

Botschaft hängt zu 55 Prozent von der Körpersprache (Auftritt, Bewegungen, Gestik, Mimik), zu 38 Prozent von der Stimme (Tonfall, Betonung, Artikulation) und nur zu sieben Prozent vom Inhalt der gesprochenen Worte ab. Jetzt könnte man meinen, dieses Buch sei überflüssig. Besser, man kauft sich Bücher über Körpersprache und Stimme und hat Erfolg. Erinnern Sie sich an den Anfang des Buches, an den Vergleich der modernen Rhetorik mit dem Einpacken von Weihnachtsgeschenken? Falls Sie sich nur auf Ihre Körpersprache und Stimme konzentrieren, sind Sie wie ein wunderschön eingepacktes Geschenk zu Weihnachten, das aber inhaltlich mit Luft aufwartet. Lassen Sie also die rhetorischen Stilmittel nicht außer Acht und verpacken Sie auch den Inhalt entsprechend. Erst dann hören die Menschen Ihnen gern zu. Weil Inhalt und Form eins sind und ansprechend zugleich. Mit Körpersprache und Stimme lassen Sie die sieben Prozent Botschaft, Ihre Inhalte also, umso wirkungsvoller erstrahlen.

Aus diesem Grund sind, neben dem Einsatz richtiger und passender rhetorischer Stilmittel, die Körpersprache und die Stimme von entscheidender Bedeutung. Die Stimmigkeit des Redners, die Art, wie er seine Botschaft »rüberbringt«, entscheidet oft über Zustimmung oder Abneigung bei seinem Publikum. Allerdings gibt es auch hierbei Grenzen: Ein Redner, der nicht von den Inhalten seines Vortrags überzeugt ist, wird so niemals wirklich andere überzeugen können. Wenn man über etwas spricht, woran man selbst nicht glaubt, ist es kaum möglich, Signale der Glaubwürdigkeit zu setzen – auch nicht mit vielen Trainings. Und: Je »gewichtiger« und gut aufbereitet jene sieben Prozent Inhalt sind, desto höher ist der Prozentsatz in der Wertigkeit der Zuhörer – und desto mehr verringert sich die Wertigkeit der beiden anderen Bereiche.

Die Stimme

Viele Menschen glauben, um ein guter Rhetoriker zu werden, müsse man ein Stimm- und Sprechtraining absolviert haben. Das stimmt nicht! Sie können ohne Weiteres mit Ihrer persönlichen Aussprache und auch mit Ihrem persönlichen Dialekt (wenn er nicht zu stark ist) sehr gute Reden halten. Einige Tricks und Kniffe gibt es dennoch zu beachten:

Modulation/Betonung: Nehmen Sie Ihre Stimme auf Band auf und hören Sie sich danach selbst zu. Sie werden müde? Können sich nicht konzentrieren? Langweilen sich? Dann ist Ihre Stimme zu monoton. Überlegen Sie, welche Passagen und welche Wörter in Ihrem Text wichtig sind, und kennzeichnen Sie diese mit einer Farbe. Diesen Begriffen verleihen Sie dann während Ihres Vortrags mehr Betonung. Generell gilt: Heben Sie in einem Satz stets nur ein Wort durch explizite Betonung besonders hervor. Welches? Das wichtigste natürlich, die Kernbotschaft des Satzes. Hören Sie sich (gute) Radiomoderatoren an. Deren einziges Hilfsmittel zum Erzeugen von Spannung ist deren jeweilige Stimme. Achten Sie darauf, wie sie die Betonung in den Sätzen verteilen. Sie werden feststellen: Weniger und punktierter ist immer besser als viel betont.

Praxis-Tipp: Korken gegen Nuscheln
Wenn Ihre Aussprache undeutlich ist oder Sie generell an Ihrer Artikulation arbeiten wollen: Trainieren Sie Ihre Texte immer wieder mit einem Korken im Mund. Versuchen Sie so zu sprechen, dass man Sie verstehen kann. Dabei werden Sie merken, dass plötzlich ganz neue Muskelpartien Ihres Kieferbereiches aktiviert werden. Sie werden erstaunt sein, wie viel deutlicher Sie danach sprechen können.

Lautstärke: Heutzutage wird vielfach mit Mikrofon gesprochen und somit scheint das Thema Lautstärke nicht mehr so wichtig zu sein. Auch dieser Rückschluss ist ein Irrglaube. Gute Redner sollten auch ohne Mikrofon in der Lage sein, ihre Zuhörer akustisch zu erreichen. Sprechen Sie also beim Einstudieren bewusst etwas lauter, um Ihre Stimme auszureizen und kennenzulernen.

Praxis-Tipp: Lauter als normal? Nur am Anfang!
Zu Beginn einer Rede sprechen Menschen generell meist zu leise. Das liegt an der Nervosität. Schwindet diese, wird auch die Stimme automatisch lauter, kräftiger. Zwingen Sie sich deshalb nur zu Beginn, lauter als normal zu sprechen. Und schreiben Sie sich diese Regieanweisung auf Ihre Redekarte oder Ihr Manuskript. So können Sie es auch in der allgemeinen Hektik vor dem Beginn nicht vergessen.

Pausen: Mit bewusst gesetzten Pausen erreichen Sie zweierlei: Sie geben Ihren Zuhörern Zeit für eine Denkpause und steigern zugleich die Spannung. Leicht in der Umsetzung ist die Arbeit mit Pausen allerdings nicht. Die meisten Redner »stürmen« durch ihre Rede - vermutlich in der Hoffnung, schnell fertig zu werden. Nehmen Sie sich lieber die Zeit und arbeiten Sie mit ihr.

Praxis-Tipp: Pausen zählen

Eine Pause einzuhalten, ist unglaublich schwierig. Vielen Rednern hilft es, wenn sie während der Pause etwas »tun«. Ein Vorschlag: Zählen Sie gedanklich »1001, 1002, 1003« – und Sie haben eine wunderbare Pause erzeugt. Wenn Sie selbstsicherer sind, »scannen« Sie das Publikum einmal von links nach rechts ab. Wichtig auch hier: Notieren Sie sich Pause und Selbstanweisung zu deren Umsetzung auf Ihrem Manuskript oder auf Ihren Redekarten.

Die Körpersprache

Auch zum Thema Körpersprache gibt es genügend Experten und Veröffentlichungen, die uns ganz genau schildern können, »was wie wo etwas anrichtet«. Das Problem: Der Mensch als Individuum ist tief verbunden mit seiner Gestik. Er kann sie in einer Rede nun in der Regel nicht einfach so von sich lösen und bewusst steuern. Im Normalfall denken Sie bei einer Rede an viele andere Dinge (Wie fang ich eigentlich an? Und wenn die mich auslachen? Was, wenn ich den Text vergesse?), aber nicht an Ihre Körpersprache. Dennoch können Ihnen die folgenden Tipps gerade für den Anfang Ihrer Rede helfen. Ist der Start erst einmal geschafft, passt sich der Körper ohnedies Ihrer ganz natürlichen Ausstrahlung an. Und das ist auch richtig so.

Praxis-Tipp 1: Richtig stehen

Stehen Sie auf und achten Sie darauf, dass hinter Ihnen kein Möbelstück oder sonst etwas steht. Nun stellen Sie sich vor, hinter Ihnen wäre eine Wand. Gehen Sie mit den äußeren Fersen an diese Wand. Nun mit dem Po an die Wand. Jetzt mit den Schultern an die Wand. Die Arme lassen Sie bitte locker hängen. Ihr Körpergewicht ist nun ganz auf den Fersen. Kippen Sie Ihren Körper leicht nach vorn, sodass das Gewicht auf den Zehen lastet. Jetzt kippen Sie wieder zurück, mit dem Gewicht auf den Fersen. Und nun pendeln Sie sich so ein, dass das ganze Körpergewicht unter Ihren Füßen gleichmäßig verteilt ist. Das Ergebnis: Eine gerade, souveräne Körperhaltung. So müssen Sie im Raum stehen, wenn Sie etwas zu sagen haben. Stellen Sie die Füße in Schulterbreite auf und achten Sie darauf, dass die Fußspitzen gerade nach vorn oder allenfalls ganz leicht (aber nicht zu weit!) nach außen zeigen.

Praxis-Tipp 2: Augenkontakt

Wenn Sie den Mut haben, Ihrem Gegenüber in die Augen zu schauen, werden Sie auch als glaubhaft wahrgenommen. Wer hingegen immer wieder weg- oder auf den Boden schaut, kann seine Botschaften nicht souverän vermitteln. Haben Sie ein größeres Publikum vor sich, bedenken Sie, dass auch am rechten und linken Außenrand Menschen sitzen, die Ihnen zuhören und sich über etwas Beachtung sicherlich freuen. Suchen Sie sich vor Beginn zwei Personen an den äußeren Punkten und schauen Sie diese immer wieder an. Auf dem regelmäßigen Weg von Punkt A nach Punkt B streift Ihr Blick Ihre gesamte Zuhörerschaft.

Wohin mit den Händen?

Hände – im sonstigen Leben nützlich, praktisch und unverzichtbar – werden während einer Rede für den Redner zur unglaublichen Belastung. Wo soll er nur hin mit seinen Händen? In die Taschen? Nein. In die Hüften gestemmt? Auch nicht. Hinter den Rücken? Undenkbar.

Seien Sie unbesorgt: Ihre Gestik wird sich, wenn Sie erst einmal den Start geschafft haben, natürlich entwickeln und somit automatisch zu Ihnen passen. Es gibt aber einen Ort, an dem Sie Ihre Hände »parken« können, bis Ihre Natürlichkeit Ihnen automatisch aus der Patsche hilft:

Praxis-Tipp: Hände unter den Bauchnabel

Stehen Sie gerade. Führen Sie Ihre Hände ein klein wenig unter dem Bauchnabel zusammen und lassen Sie Ihre Hände einander leicht berühren. Wenn Sie nervös sind, können Sie dabei ruhig ein wenig mit – zum Beispiel – einem Ring an Ihrer Hand spielen, um ein Gefühl für diese Haltung zu bekommen. Sie sind der Ansicht, diese Haltung fühle sich komisch und unnatürlich an? Werfen Sie einmal einen Blick auf die Fernsehmoderatoren: Die meisten von ihnen benutzen diese »Parkposition«, und das sieht absolut natürlich aus. Selbstverständlich können Sie auch etwas in Ihren Händen halten: Redekarten etwa oder einen Stift.

5. Auf der Bühne

Freuen Sie sich! Es geht gleich los. Oder nicht? Und einmal mehr macht Mark Twain uns Rednern Mut: »Das Gehirn ist eine wunderbare Sache. Es funktioniert bis zu dem Moment, wo du aufstehst, um eine Rede zu halten!« Damit Ihr Gehirn auch danach noch weiterhin funktioniert, finden Sie hier nun die wichtigsten Tipps, um des (Lampenfieber-)Chaos in Ihrem Kopf kurz vor oder während Ihrer Rede Herr zu werden.

Überraschungen vermeiden – Wo rede ich?

Ein guter Auftritt beginnt mit einer guten Vorbereitung. Auf was Sie bei sich achten müssen, wissen Sie nun bereits. Was Sie noch nicht wissen, ist etwas über das Umfeld, in dem Sie sprechen werden. Um böse Überraschungen zu vermeiden, klären Sie die folgenden Punkte im Vorfeld ab:

Veranstaltungsort: Welchen Anfahrtsweg wählen Sie? Wie lange brauchen Sie für die Strecke? Wo können Sie parken? Wie groß ist der Saal?

Technik: Wenn Sie frei reden wollen, sind Sie auf Headset oder Ansteckmikrofon angewiesen. Ist ein solches vorhanden? Oder kann es besorgt werden?

Falls Sie eine PowerPoint-Präsentation vorbereitet haben, speichern Sie diese mit der Funktion »Pack & go« oder »Verpacken für CD ...« ab (mehr dazu im Kapitel 3 »Arbeiten mit Folien/PowerPoint«).

Ablauf: Haben Sie den Ablaufplan bekommen? Wer spricht als Erster, wann sind Sie dran? Stellen Sie sicher, dass stilles Wasser am Rednerpult für Sie bereitsteht. Nichts ist schlimmer, als sich mit trockenem Mund »durchkämpfen« zu müssen.

Auch für Sie selbst gibt es noch zwei Punkte, die Sie rechtzeitig vor Beginn noch einmal überprüfen sollten:

Kontrolle der eigenen Unterlagen: Haben Sie Ihr Redemanuskript? Haben Sie die Unterlagen für die Zuhörer? Haben Sie die benötigten Anschauungs- oder Demonstrationsobjekte?

Outfit: Entscheiden Sie schon ein paar Tage vorher, was Sie anziehen werden. Meist ist sonst das gewünschte Stück genau an diesem Tag in der Waschmaschine oder anderweitig verschwunden. Sie wissen, wie viel der äußere Eindruck zählt. Glänzen Sie auch hier.

Visitenkarten: Stecken Sie genügend Visitenkarten in die Innentasche Ihres Jacketts oder in Ihre Handtasche. Aus der Brieftasche eine schmutzige, geknickte Visitenkarte herauszufischen (wenn überhaupt eine zu finden ist), macht keinen guten Eindruck.

Lampenfieber

Für Ärzte ist Lampenfieber Ausdruck einer ganz natürlichen Stresssituation. Der Körper reagiert indem er seinen Organismus mobilisiert: Das Stresshormon Adrenalin wird ausgeschüttet, Pulsfrequenz, Herzvolumen und Blutdruck steigen unerbittlich an. In einem solchen Zustand ist der Körper sprungbereit und in der Lage, schnell auf Gefahren zu reagieren.

Diese Nervosität vor einem Auftritt ist für viele das Schlimmste bei ihrer Präsentation. Vielfach werden Reden nur aus diesem Grund nicht gehalten.

Sorgen Sie sich nicht: Jeder hat Angst, ist nervös, bevor er die ersten Sätze spricht. Hat Angst, sich zu blamieren, sich lächerlich zu machen, den Faden zu verlieren, etwas Falsches zu sagen, kurz: Angst vor dem Versagen. Harry Holzheu etwa, einer der größten Rhetoriktrainer, ist in diesem Metier seit über 50 Jahren als Trainer tätig und sagt bis heute von sich selbst: »Wenn ich vor größeren Auftritten stehe, braucht mich eine halbe Stunde vorher niemand anzusprechen.«

Am besten, Sie finden sich damit ab: Wenn Sie kein Lampenfieber mehr haben, dann sind Sie abgestumpft oder tot. Allerdings gibt es gutes und schlechtes Lampenfieber. Sobald Sie Ihren Auftritt nicht mehr »ertragen«, sondern ihn zu gestalten beginnen, »fiebern« Sie ihm wirklich entgegen. Sie beginnen zu spüren, dass Sie mit Ihren Worten etwas bewegen – und Sie werden lernen, es zu schätzen und dann beginnen, sich auf Ihre Reden zu freuen. Doch bis es so weit ist, finden Sie hier konkrete Tipps gegen das spannendste aller Fieber:

Mentale Hilfen

▓ Rücken Sie die Sache in den Mittelpunkt, nicht sich selbst

Lampenfieber hat viel mit dem eigenen Ego zu tun. Werde ich gut genug sein? Wird man mich mögen? Wirke ich sympathisch, souverän, klug? Sagen Sie sich: »So bedeutend bin ich gar nicht. Viel wichtiger ist die Botschaft, die ich vermittle.« Betrachten Sie sich als Überbringer und konzentrieren Sie sich darauf.

▓ Nehmen Sie die Historiker-Position ein

Gemessen an Ihrem gesamten Leben geht die Welt nicht unter, wenn Sie diesen Auftritt verpatzen. Denken Sie an das Leid, das uns allabendlich aus dem Fernsehkasten entgegenströmt. Was wiegt in Anbetracht dessen schon ein kleiner Versprecher oder ein Blackout?

Körperliche Hilfen

■ **Sprechen Sie über banale Dinge mit einem Bekannten**

Sind Sie vor Ihrer Rede nur auf sich konzentriert, kreisen Ihre Gedanken meist um ein Katastrophenszenario. Ablenkung hilft. Suchen Sie sich einen Gesprächspartner für eine entspannte Diskussion. Aus dieser heraus gehen Sie in Ihren Vortrag. Ruhe und Entspannung nehmen Sie bewusst mit.

■ **Lassen Sie Ihre Muskeln spielen**

Ballen Sie die Fäuste. Spannen Sie gleichzeitig Ihre Arm-, Gesichts- und Bauchmuskeln ganz fest an. Mehrfach hintereinader ein paar Sekunden Spannung halten, dann locker lassen. Das baut Adrenalin ab.

■ **Setzen Sie sich ein paar Minuten vor Ihrem Vortrag ruhig hin**

Schütteln Sie die Hände zwanzigmal nach unten aus. Lassen Sie die Hände dann ruhig hängen und konzentrieren Sie sich ganz auf das Pulsieren und Kribbeln in Ihren Händen. So lenken Sie die Aufmerksamkeit von Ihrem Lampenfieber ab. Je mehr Sie sich auf Ihre Hände konzentrieren, desto weniger können Sie gleichzeitig Ihre Angst und Ihr Lampenfieber fokussieren.

■ **Atmen Sie ruhig und in den Bauch**

Sie atmen bewusst in den Bauch und unterstützen den Rhythmus von Ein- und Ausatmen mit Ihren Körperbewegungen. Im Sitzen: Sie sitzen mit aufrechtem Oberkörper. Jetzt beugen Sie sich leicht mit dem Oberkörper nach vorn. Dabei atmen Sie bewusst in den Bauch ein. Beim Zurückgehen atmen Sie wieder aus. Je langsamer Sie diese Bewegung machen, umso ruhiger werden Sie. Im Stehen: Sie gehen leicht auf die Zehenspitzen und atmen dabei wieder in den Bauch ein. Beim Absenken atmen Sie wieder aus.

Blackouts, Versprecher und andere Katastrophen

Ein Versprecher ist nichts, wofür Sie sich entschuldigen müssen. Aus Kapitel 4.1. »Redekarten richtig anlegen und nutzen« wissen Sie bereits, dass die Umgangssprache (in der Sie ja Ihre Rede halten sollen) ihren Reiz daraus zieht, nicht gekünstelt, sondern authentisch zu sein. Und dazu gehören auch Versprecher und unfertige Sätze.

Was machen Sie aber, wenn der gefürchtete Blackout eintritt? Plötzliche Leere im Kopf, keine Ahnung, wie es weitergeht! In einigen Ratgeberbüchern finden Sie den durchaus berechtigten Tipp: »Sprechen Sie Ihr Missgeschick aus.« Das heißt: Sagen Sie, dass Sie einen Blackout haben. Tun Sie dies mit einem gewissen Charme und mit Selbstsicherheit, erreichen Sie gewiss die volle Sympathie der Zuhörer. Allerdings sollten dies nur geübte Redner oder von Natur aus sehr selbstbewusste Menschen versuchen. Denn in aller Regel geht es auch anders. Der Satz »Wie ich soeben gesagt habe ...« wirkt in der Regel Wunder. Sprechen Sie diesen Satz aus und wiederholen Sie einfach zwei, drei Punkte des zuvor Genannten - und schon haben Sie wieder in Ihre Rede zurückgefunden.

Aber auch von technischen Missgeschicken bleiben Redner nicht verschont: Die Batterien des Mikrofons sind plötzlich leer, das Licht geht aus, auf der Baustelle nebenan beginnen laute Bagger- oder Abrissarbeiten. All dies sind Dinge, denen Sie Aufmerksamkeit schenken müssen, da diese sonst Ihren Vortrag stören. Schlagfertige Sätze und Humor sind hier die besten Gegenmittel und lassen Sie souverän wirken, aber sie setzen auch rhetorisches Können voraus. Die Alternative: Sie sprechen einfach klar aus, was gerade geschieht: »Ups, da hat wohl jemand das Licht ausgemacht« oder »Für Sie ist es bestimmt genauso laut wie für mich hier auf der Bühne. Könnte jemand die Fenster schließen, bitte?«

6. Und ... los!

Nun ist es also so weit: Ihr Redeauftritt steht kurz bevor. Wenn Sie die Hinweise aus diesem Buch beachteten, können Sie unbesorgt zum Mikrofon greifen – so schnell kann Ihnen dort nichts mehr passieren. Zum Abschluss möchte ich Ihnen noch ein paar persönliche Worte mit auf den Weg geben. In meinen Seminaren erzähle ich zum Finale gern Folgendes:

»Ein österreichischer Politiker wurde eines Tages gefragt, was er denn von Rhetorik-Coaching halte. Ob er so etwas auch selbst in Anspruch nähme oder nehmen würde. Der Politiker antwortete schroff: ›Nein, so was mache ich nicht! Denn ich will authentisch bleiben.‹«

Es gab einmal zwei Jungs, zehn Jahre alt, die wohnten in einem Tal in einem schönen Alpendorf. Eines Tages beschlossen beide, Ski fahren zu gehen. Das Skifahren gelernt hatten sie beide nicht. Doch sie liehen sich einfach jeweils ein paar Ski aus und machten sich auf ihren Weg auf den Berg. Beide lagen mehr im Schnee, als dass sie fuhren, aber sie hatten eine Menge Spaß.

Ein paar Wochen später zog die Familie eines der beiden Jungs in eine größere Stadt und die beiden sahen einander mehrere Jahre nicht wieder. Es war der Zufall, der sie sechs Jahre später wieder zusammenführte, und um der alten Zeiten willen beschlossen beide, erneut einen spontanen Skitag einzulegen. Sie fuhren also mit dem Sessellift auf den Berg. Der Erste begann seine Abfahrt: die Ski perfekt parallel, richtiger Stockeinsatz und wunderschöne Schwünge. Dann bremste er und wartete auf seinen Freund. Dessen Abfahrt? Schneepflugtechnik, die Arme dabei weit ausgestreckt, um die Balance zu halten. Unten angekommen wandte sich der Schneepflüger gleich an seinen Parallelschwung-Freund: ›Wie hast du das gemacht? Das sah klasse aus.‹ Der andere erwiderte: ›Ach, das ist ganz einfach. Ich habe vor einem Jahr mehrere Skistunden bei einem Skilehrer genommen. Der hat mir die Techniken erklärt und gezeigt, und dann habe ich geübt. Mach das doch auch, ist ganz einfach.‹ Und was antwortete der Schneepflüger? ›Nein, so etwas mache ich nicht! Ich will authentisch bleiben ...‹

Auch die Rhetorik ist eine Kunst wie es das Skifahren ist. Um gut zu sein und nicht nur zu improvisieren, braucht es Technik und Übung. Nur auf diesen beiden Pfeilern kann ein Redner wachsen und sich weiterentwickeln. In allen Lebensbereichen.

Rhetorik will wirken – will bewirken. Das Publikum muss am Ende Ihrer Präsentation oder Ihrer Rede reicher sein, innerlich einen Weg gegangen sein. Ist das nicht der Fall, haben Sie etwas falsch gemacht.

Falls Sie wieder einmal das Lampenfieber plagt oder die Zweifel an Ihnen nagen, denken Sie an den bereits in Kapitel 5.2. »Lampenfieber« zitierten Harry Holzheu, einen der renommiertesten Kommunikationstrainer Europas, der beruhigenderweise bekennt: »Ich selbst habe immer sehr starkes Lampenfieber. Es beginnt schon, wenn ich den Auftrag für ein Referat oder Seminar erhalte. Wenn ich erfahre, dass ich zum Beispiel in vier Monaten bei einer wichtigen internationalen Tagung der letzte Key Note Speaker im Programm sein werde und dass man mich im Prospekt als ›Urgestein der Schweizer Trainer‹ ankündigt, als einen, ›der immer für Überraschungen gut ist und die Tagung sicher zu einem würdigen Ende bringen wird‹, läuft es mir ganz kalt den Rücken hinunter. Ich habe große Angst, diesen Ansprüchen nicht gerecht zu werden.«

Dem besten Trainer der Branche geht es also genauso wie Ihnen, wie uns allen …

Mit den besten Wünschen an die Rednerpulte und auf die Rednerbühnen dieser Welt entlassen möchte ich Sie mit einem Zitat von Augustinus Aurelius (354–430; Bischof von Hippo), der den Kern der Magie der Rede auf den Punkt brachte:

»In dir muss brennen, was du in anderen entzünden willst.«

Über Rückmeldungen und Erfahrungen mit diesem Buch freue ich mich:

Klaus Egger, Moritzinger Weg 83, 39100 Bozen, Tel.: +39 339 6219025, E-Mail: info@klausegger.it, www.klausegger.it.

Und jetzt: Los! Packen Sie es an!

Herzlich

Ihr Klaus Egger

Anhang

Wann ist eine Rede wirklich fertig? Wahrscheinlich nie. Immer wird es Punkte geben, von denen Sie glauben, sie nicht vollständig ausgeführt zu haben. Speziell in der modernen Rhetorik wird es zu Beginn auch immer wieder Momente geben, in denen Sie denken: »Das kann ich doch nicht machen« oder »Aber das macht ja niemand so«. Setzen Sie sich nicht zu sehr unter Druck, und beginnen Sie langsam und mit Ihrem Tempo.

Die Checkliste hilft Ihnen dabei, keinen der in diesem Buch behandelten Punkte für Ihre perfekte Rede zu vergessen. Wenn Sie die fertige Rede durchgehen, stellen Sie sich folgende kritische Fragen und seien Sie imstande, diese zu beantworten:

1. Botschaft

- Wie heißt meine Botschaft?
- Ist dies die richtige, dem Publikum angemessene Botschaft?
- Wird diese Botschaft den Zuhörern (gegebenenfalls der Presse) klar? Könnte ich missverstanden werden? Besprechen Sie die Botschaft bei wichtigen Reden eventuell mit einem Kollegen oder Vorgesetzten.

2. Einleitung

- Habe ich mit meiner Einleitung die Aufmerksamkeit meiner Zuhörer gewonnen?
- Ist die Einleitung persönlich, knackig, humorvoll, provokativ, direkt? Besonders hier gilt: kurze Sätze!
- Habe ich gängige Floskeln und steifes Getue vermieden wie etwa:
- »Wir haben uns heute hier versammelt, um ...«

- »Es ist mir eine große Ehre und Freude, heute hier vor Ihnen sprechen zu dürfen ...«
- »Ein großer Mann sagte einmal ...«

3.   Hauptteil

- Bringe ich Interessantes?
- Bin ich klar und einfach in meiner Sprache? Bleibe ich glaubwürdig? Ist die Rede nicht länger als unbedingt nötig?
- Habe ich brauchbare eigene Gedankenarbeit geleistet?
- Habe ich womöglich Phrasen gedroschen?
- Fragen Sie sich beim Durchlesen: Warum sage ich das? Was meine ich damit?
- Und vor allem: Ist das für diese Zuhörer zu dieser Zeit in dieser Situation interessant? (Publikumsorientiert!)
- Mögliche Antworten:
- Der Redetext bringt meine Botschaft voran.
- Meine Rede stärkt das Vertrauen in
- meine Kompetenz,
- meine Führungsstärke,
- meine Glaubwürdigkeit und
- bringt mir menschliche Sympathiepunkte ein oder
- erreicht nichts von alledem, bedient nur meine eigene Eitelkeit.
- Zücken Sie gern den Rotstift: Wenn etwas nicht stimmig ist, kann und sollte es gestrichen werden.
- Fragen Sie sich zudem: Bewahre ich mir die Zuhörbereitschaft meines Publikums dauerhaft durch Menschlichkeit, Persönliches, Bilder, Humor, Abwechslung, Sprachschönheit und Sprachwitz?
- Ein letzter Blick auf Ihre Rede:
- Bilder müssen stimmig sein und bis ins Detail passen. Halbherzige Bilder lösen Unverständnis und Verwirrung aus. Investieren Sie Extrazeit in die Kontrolle Ihrer Erzählbilder. Eventuell sprechen Sie diese jemandem vor.
- Eigene Gedanken, Urteile und Bewertungen gehören unbedingt in die Rede, allgemeine Phrasen nicht!
- Vorsicht vor »negativ behafteten Wörtern« wie: Problem oder Krise etc.

- Sprachästhetik ist herrlich, gestelzte, staubige Feierlichkeit ist furchtbar, z. B.:
- »... ist uns eine Ehre und Verpflichtung zugleich ...«,
- »... hier und heute ...« oder
- »... gebührend zu würdigen ...«

4. Schluss

- Habe ich einen brauchbaren Schluss? Kanalisiere ich die aufgestaute Energie meiner Zuhörer:
- Knackig?
- Zukunftsweisend?
- Emotionalisierend?
- Sympathie werbend?
- Zusammenfassend?
- Appellierend?

5. Zuletzt ...

- Suchen Sie nach »man«-Wörtern und ersetzen Sie diese mit »ich« oder »wir«.
- Nehmen Sie Ihre Substantive kritisch unter die Lupe und ersetzen Sie diese womöglich durch Verben.
- Machen Sie kurzen Prozess mit verschachtelten, verkorksten Sätzen. Kürzen Sie lieber – oder setzen Sie einen Punkt.
- Dauert Ihre Rede nicht länger als 20 Minuten? Und wenn doch: Muss sie das wirklich? Höchstgrenze sind 45 Minuten. (Sollten Sie Ihre Rede ausgeschrieben haben, können Sie sich daran orientieren, dass 1500 Wörter etwa zehn Minuten Redezeit bedeuten.)

II. Beispiele aus der Praxis

Die folgenden Redebeispiele aus der Praxis zeigen – natürlich in stark kompri-
mierter Form –, wie Reden aufgebaut werden können. Natürlich gibt es immer
viele Wege die nach Rom führen, aber einige sind immer schneller und sicherer
als andere. Jedes Beispiel beginnt mit der Erklärung der Gesamtsituation. So
können Sie sich gut in den jeweiligen Redner hineinfühlen. Bei der ersten Rede
sehen Sie, wie die anscheinend gleiche Rede sich verändert, wenn Sie vor ver-
schiedenen Personen gehalten wird. Die Beispiele dienen Ihnen zur Orientierung – experimentieren Sie mit den Vorschlägen und schauen Sie, wie Sie diese
für sich am besten verwenden können. Und vergessen Sie nicht, bei der Ausar-
beitung Ihrer Rede auf die rhetorischen Stilmittel zu achten (Kapitel »Sprachmarotten der heutigen Zeit«).

Rede 1: Die gleiche Rede unter verschiedenen Gesichtspunkten

Die nun folgende Projektvorstellung ist nicht im Detail aufgeschlüsselt. Die
dient dazu, Ihnen zu zeigen, wie sich der Inhalt ändern kann, wenn die Ziel-
gruppen sich ändern.

Zur Rede: Sie sind ein leitender Mitarbeiter in einem Unternehmen, das Veranstaltungen organisiert. Ihr Chef weiß von einem sehr großen Fest/Event
im nächsten Jahr in einer Nachbargemeinde. Dabei möchte er seine Firma
als Organisator sehen. Ihr Auftrag: Eine Recherche über Möglichkeiten, Bedingungen, nötige Mittel und so weiter.

Situation 1

Sie haben Ihre Vorarbeit abgeschlossen und halten Ihre Rede das erste Mal in
einem Meeting mit fünf Personen, darunter Ihr Chef. Ihr Ziel: eine ausführliche
Schilderung der Vor- und Nachteile dieses Projektes. Beachten Sie die Argu-
mentationsregel FAKTEN SCHILDERN – PERSÖNLICH BEWERTEN – SACHLICH
BEGRÜNDEN – in genau dieser Reihenfolge. Fakten liefern kann jeder. Füh-
rungspersonen aber, wie Sie als leitender Mitarbeiter, haben eine eigene Meinung zu einer Sache. Und Chefs möchten diese auch hören. Aber dies reicht na-

türlich nicht. Sie müssen Ihre Meinung auch SACHLICH BEGRÜNDEN können. Ob Sie bei Ihrer Präsentation PowerPoint oder Flipchart verwenden, ist nicht wichtig: Ihre Zuhörer halten sicherlich auch ausführliche Unterlagen in Händen. Das bedeutet: In diesem Fall liegt Ihr Hauptaugenmerk auf der Dramaturgie Ihrer Rede.

Situation 2

Ihre Vorgesetzen schätzen die Idee und Ihre Arbeit und das Angebot wird an die betreffende Gemeinde gesendet. Diese lädt Ihre Firma zu einem sogenannten »Pitch« ein, einer Verkaufspräsentation. Hier präsentieren die interessantesten Firmen, die sich für die Umsetzung beworben haben, ihre Konzepte – und Sie präsentieren das Konzept Ihrer Firma. In diesem Fall lassen Sie die Ihren Kollegen referierten Nachteile für Ihre Firma natürlich beiseite. Ihr Ziel in diesem Fall: das Vermitteln der Vision, die sich Ihre Firma für dieses Event ausgedacht hat. Hierbei können Sie nun alle (richtig ausgewählten) Stilmittel der modernen Rhetorik einsetzen und sich so in das beste Licht stellen. Denken Sie dabei zweigleisig: Zunächst vermitteln Sie dem Veranstalter mittels einer Vision ein GEFÜHL. Dann untermauern Sie dieses Gefühl sukzessive mit den (realistischen) Schritten, die Sie im Sinne des ausgeschriebenen Projektes und Ihres potenziellen Auftraggebers zu gehen gedenken. Erzeugen Sie keine heiße Luft, sondern vermitteln Sie konkrete Inhalte. Denken Sie immer daran, welchen Nutzen die Gemeinde von diesem Fest haben will und gehen Sie in jedem Ihrer Schritte auf diesen Punkt ein.

Situation 3

Ihr Angebot wurde angenommen; Sie und Ihre Firma haben die Ausschreibung gewonnen. Nun möchten Sie in einer sogenannten »Kick-Off Veranstaltung« alle beteiligten Mitarbeiter des Projektes in Ihrer Firma für die gemeinsame Arbeit an dem neuen Projekt motivieren. Manch ein Mitarbeiter denkt vielleicht nur an die Überstunden, die er leisten muss, damit das Projekt Ihren Vorstellungen gemäß umgesetzt werden kann. Nehmen Sie diese Gedanken und Gefühle ernst. Setzen Sie sich vor Ihrer Rede damit auseinander. Vermitteln Sie Klarheit und Konzeptsicherheit, damit die Mitarbeiter Ihnen Vertrauen schenken. Dann werden sie Ihnen auch in härtere Zeiten folgen.

Rede 2: Rede eines Chefs bei einer Betriebsversammlung – am Ende eines entbehrungsreichen Jahres mit wenig rosigen Zukunftsaussichten

Zur Rede: Sie sind der Chef eines mittelständischen Unternehmens in der Autozulieferbranche, das Sie vor fünf Jahren in leitender Position von Ihrem Vater übernommen haben. Die Wirtschaftskrise bekommt das Unternehmen deutlich zu spüren; niemand in der Belegschaft weiß so recht, wie es weitergeht.

Die Vorraussetzungen für diese Rede sind nicht einfach. Beginnen wir mit dem Finden der Botschaft:

Redner: Der Chef eines mittelständischen Unternehmens
Publikum: die Mitarbeiter, etwa 50 Personen
Redeanlass: Motivationsrede mit zwei Zielen: 1) Die Mitarbeiter sollen dem Betrieb »die Stange halten«. 2) Die Mitarbeiter sollen ihm als Führungskraft vertrauen, die Krise zu meistern.
Redesituation: Der Chef weiß um die schwierige Situation und ist sich auch bewusst, dass er keine Patentlösung in der Hand hat.
Aus diesen vier Bedingungen ermitteln wir die Rede-Botschaft: Wir müssen einander Vertrauen geben und kämpferisch die Zukunft gestalten. Nicht Jammern ist unsere Devise – sondern Handeln!
Rededauer: 10 Minuten (Eine Motivationsrede hinterlässt mehr Eindruck, wenn Sie wie ein Feuerwerk über die Zuhörer hereinbricht. Haben sie schon einmal ein Feuerwerk eine halbe Stunde lange gebannt zugeschaut? Irgendwann beginnt einem der Nacken zu schmerzen, und der Sekt wird warm. Deshalb: Kurz und eindrucksvoll ist besser als lang und langweilig.
Gliederungsart: Motivationsreden sind Kunstwerke und genau wie bei der Kunst bewegt sich der Redner hier auf einem schmalen Grat. Die Gliederung lehnt sich im Folgenden an die der Überzeugungsrede an: 1. Sympathie wecken, 2. Interessenslage der Hörer ansprechen, 3. die Zuhörer überzeugen, dass eine Motivbefriedigung durch Sie möglich ist, 4. Konkretes Ziel nennen und Begeisterung dafür wecken, 5. Einwände und Kritik würdigen, 6. Klarer Appell

Aufbau der Rede: Am besten ist, Sie beginnen diese Rede mit einem persönlichen Einstieg als **Punkt 1.** Was auch immer Mitarbeiter von ihrem Chef halten – dies ist eine nahezu einmalige Gelegenheit, sich nicht nur als Chef, sondern auch als Mensch zu zeigen. Wahre Führungskräfte sind Menschen mit Stärken und Schwächen. Dass Führende alleskönnende Roboter sind, denen alles gelingt, glaubt heutzutage kein Mensch mehr. Der persönliche Einstieg könnte in etwa so lauten:

»Ich war damals gerade in meiner Sturm- und Drang Zeit. Anfang der 80er war das. Nur Flausen im Kopf. Und arbeiten? Ach, das konnte ich auch irgendwann. Mein Vater steckte mir ja immer ein paar Mark zu, also war alles gut. **Verantwortung und Vertrauen** waren Fremdwörter für mich. Auch damals, 1984, als ich meinen ersten Fuß in diese Firma setzte, war das nicht anders. Wie von meinem Vater gewollt, fing ich ganz unten an, im Lager. Bei euch, Toni, Fritz, Gerhard ...«

In einem kurzen Abschnitt (höchstens zwei Minuten) beschreiben Sie sich selbst, Ihren Weg durch die Abteilungen der Firma. Sicherlich waren Sie nie in allen Abteilungen, aber zwei bis drei reichen. Damit haben Sie eine Beziehung zu den Menschen hergestellt, die Sie in den letzten Jahren nur mehr als Chef gesehen haben. Das erste Stilmittel mit dem Sie also begonnen haben, ist die **Geschichte.**

Punkt 2 (Interessenslage der Hörer ansprechen) bringen Sie so in der Rede unten:

»Und ich sage euch: Ich habe Angst zurzeit. Ich habe Angst um eure Arbeitsplätze. Ich habe Angst um meinen Arbeitsplatz. Ich habe Angst ... um unsere Firma.«

Das vordringliche Interesse eines jeden Mitarbeiters in dieser schweren Zeit ist der Erhalt seines Arbeitsplatzes, und genau auf diesen Punkt legen Sie Ihren Finger – und nutzen dabei eine **Anaphora** (Kapitel 3). Sprechen Sie in jedem Fall in der Ich-Form. Kein »man« kann die Eindringlichkeit einer Botschaft besser zeigen. Und gehen Sie einen Weg, der vielen Motivationsreden der heutigen Zeit, speziell denen von Politikern, fehlt: Wählen Sie die ungeschminkte Wahrheit, die nichts beschönigt, sondern Probleme offen anspricht. Die Menschen sehnen sich heutzutage nach Offenheit und Ehrlichkeit. Schöne Worte und Samthandschuhe erleben sie oft genug – in der Werbung und anderswo. Verpacken Sie das Problem daher in eine **rhetorischen Wirkfrage**, etwa so:

»Hilft es uns, wenn der Staat den Banken das Geld garantiert, aber uns die Aufträge wegbrechen? Hilft es uns, wenn die Leitzinsen immer weiter gesenkt werden, die Banken aber kein Geld hergeben für notwendige Investitionen? Hilft es uns, wenn alle sagen, wir sollen durchhalten, aber jeder Lieferant doch nur seine ausständigen Rechnungen bezahlt wissen will?«

Jetzt haben Sie genügend Beziehungen hergestellt, die Situation ungeschminkt geschildert. Jedermann im Publikum ist nun gespannt auf das, was kommt. **Es ist Zeit für Punkt 3, Überzeugen Sie ihre Zuhörer, dass eine Motivbefriedigung durch Sie möglich ist.**

Um dies zu bewerkstelligen, brauchen Sie zum einen das über die Jahre gewachsene Vertrauen Ihrer Mitarbeiter in Ihre Glaubwürdigkeit und zum anderen eine Strategie. Viele Redner meinen, diese Strategie müsse bis ins Details ausgearbeitet sein. Sie irren. Entscheidend ist, dass Sie in die richtige Richtung weisen – eine neue Produktlinie im Kopf haben, eine Ablaufoptimierung, eine neue Marktsegmentierung, egal was. Hauptsache, die Mitarbeiter sehen, dass Sie handeln und nicht einfach still sitzen und darauf warten, dass andere etwas für Sie tun. Dieser Redeabschnitt geht nahtlos in **Punkt 4 (Konkretes Ziel nennen und Begeisterung dafür wecken)** über. Helfen könnten Ihnen hierbei die folgenden Stilmittel: Vergleichszahlen, anonymes Reden oder (wenn bereits eine konkrete Vorstellung eines neuen Produktes vorhanden ist) das **Anschauungsobjekt**. Mit **Geschichten** von Firmen, die in ähnlichen Momenten ähnliche Krisen gemeistert haben, schaffen Sie Milderung. Der Gedanke »anderen ist es auch so ergangen, und als sie dies und jenes gemacht haben, haben sie es geschafft« hilft ungemein, um aus dem eigenen, temporären Loch herauszublicken.

Nun folgt **Punkt 5 (Einwände und Kritik würdigen)**, und er ist ungemein wichtig, gerade bei dieser Rede. Denn der größte Einwand, den die Mitarbeiter haben werden, ist, dass Sie ihnen noch keine Jobgarantie gegeben haben. Sie haben zwar über Taten gesprochen, die Ängste auch erwähnt, aber die größte Angst noch nicht genommen. Deshalb müssen Sie sich hier im Vorfeld besonders gut überlegen, was Sie Ihren Mitarbeitern anbieten können. Vielleicht eine Jobgarantie bis zu einem festgelegten Datum – bis zu dem dann die neuen Maßnahmen greifen müssten. Das würde Ihre Mitarbeiter zusätzlich motivieren. Alle wissen dann: Bis dahin müssen wir es packen, dann können wir es schaffen.

Der letzte Punkt (Klarer Appell) kann sich auf den Einstieg beziehen, um den Kreis zu schließen. Die Worte »Vertrauen« und »Verantwortung« sind hierbei Schlüsselwörter, die Sie mehrfach einbauen sollten. Jetzt, beim Abschluss, heben Sie diese nochmals besonders hervor, und zwar in Kombination mit einem Appell:

»Liebe Mitarbeiter, ich habe euch erzählt, dass ich Angst habe. Ja, das stimmt, aber ich habe auch die Kraft und den Willen, dieser Krise gezielt entgegenzutreten. Und ich bin überzeugt, dass wir es mit den vorgeschlagenen Maßnahmen schaffen. Die Projekte liegen auf dem Tisch. Im Laufe der nächsten Woche werden die bereits eingesetzten Arbeitsgruppen sich intensiv damit beschäftigen und Details klären. Diese Krise können wir meistern, wenn wir uns gegenseitig **Vertrauen schenken und Verantwortung übernehmen**. Das ist es, was wir benötigen. Ich möchte noch viele Söhne und Töchter in diesen Betrieb einsteigen sehen. Eure Kinder und auch meine Kinder. Gemeinsam schaffen wir es. Packen wir es an!«

Rede 3: Unternehmer erklärt Bürgern einer Gemeinde ein mögliches (kritisches) Bauprojekt

Zur Rede: Sie sind ein Unternehmer, der ein Bauvorhaben realisieren will. Konkret möchten Sie ein Fernheizwerk bauen, an das drei Gemeinden angeschlossen werden sollen. Nachdem es kritische Stimmen zu diesem Vorhaben gibt, haben Sie beschlossen, einen Informationsabend zu veranstalten. Hier möchten Sie die Bürger über alle Details informieren. Sie haben den Bürgermeister eingeladen, der für das Vorhaben einsteht und einen neutralen Techniker, der die Funktionsweise eines Fernheizwerkes erklären wird.

Nun müssen Sie die Bürger nur noch davon überzeugen, dass dieses Fernheizwerk ein Gewinn für sie sein wird.

Redner: Der Unternehmer einer Energiefirma
Publikum: Die Bürger der betroffenen Gemeinden
Redeanlass: Informations- und Verkaufsrede
Redesituation: Aus Ihren Vorgesprächen mit der Bevölkerung kennen Sie viele Ängste der Bürger. Deshalb wollen Sie nicht nur die Idee verkaufen, sondern auch umfassend aufklären.
Aus diesen vier Bedingungen ermitteln wir die Rede-Botschaft: Ein Fernheizwerk ist die kostengünstigste und bequemste Art, Wärme geliefert zu bekommen.

Rededauer: 15-25 Minuten (Je komplexer ein Thema ist und je größer die damit einher gehenden Ängste sind, desto mehr Zeit benötigen Sie, um Ihren Zuhörern eine deutliche Botschaft zu vermitteln.)
Gliederungsart: Die Rede ist umfassend, empfehlenswert ist das Butzen des Fünf-Satzes. Dessen Gliederung: 1. Aufmerksamkeit erzeugen, Interesse wecken, 2. Sagen, worum es geht (Stichwort »Abholen«; Achtung! Kann Spannung töten), 3. Begründen und Beispiele bringen: zweitbestes Argument, Gegenargument entkräften, bestes Argument), 4. Fazit, Zusammenfassung, 5. Auffordern zum Handel, Handlungsenergie kanalisieren

Aufbau der Rede

Sie haben zwei Aufgaben: Zum einen führen Sie durch den Abend, denn Sie haben ja auch zwei andere Redner, den Bürgermeister und den Techniker. Sie selbst sollten in jedem Fall als Letzter reden, um eventuelle rhetorische Schwächen der Vorredner auffangen zu können. Garantieren Sie, dass die Vorredner die von Ihnen vorgeschlagene Redezeit nicht überschreiten. Sind Ihre Zuschauer »rhetorisch erschlagen« und nicht mehr aufnahmefähig, helfen Ihnen Ihre rhetorischen Künste auch nicht mehr.

Zu Beginn des Abends widmen Sie sich also Punkt 1 und 2 der Gliederung, lassen dann die beiden anderen reden und gliedern hernach Ihre Argumentationskette nach dem Fünf-Satz.

Mit dem Einstieg müssen Sie Aufmerksamkeit erzeugen, Interesse wecken. In diesem Fall am besten mit dem Fakten-Einstieg. Sie sprechen etwa deutlich und ungeschminkt an, weshalb alle Anwesenden hier zusammengekommen sind. Gleichzeitig schaffen Sie eine offene Atmosphäre für den Dialog:

»Zweifel und Befürchtungen, Gerüchte und teilweise schon Märchen, das sind die Gründe, aus denen wir heute hier sind. Zweifel und Befürchtungen wollen wir heute Abend zerstreuen. Gerüchten werden wir Informationen entgegensetzen. Und für die Märchen haben wir genug Zeit für Fragen und Diskussionen eingeräumt.

Das Projekt ist noch nicht beschlossen! Das Fernheizwerk wird nicht gebaut, wenn nicht genügend Bürger Interesse daran haben. Wir sind ein Wirtschaftlichkeitsunternehmen, unsere Zahlen müssen stimmen. Ich bitte Sie, sich unsere Ideen anzuhören und dann – wenn alle Karten auf dem Tisch liegen – zu entscheiden, ob und wie wir weiter vorgehen sollen.« Sie legen sich somit »in die Hände« der Zuhörer. Einigen – und insbesondere, jenen, die mit Kampfansagen gekommen sind – werden Sie so bereits den Wind aus den Segeln genommen haben. Ein guter Start.

Punkt zwei (Sagen, worum es geht; Stichwort »Abholen«) gibt Ihnen Gelegenheit, sich und Ihre Firma kurz vorzustellen. Nicht mit endlosen Zahlen oder Firmenorganigrammen, sondern mit einem **konkreten Beispiel**.

»Die Firma, deren Geschäftsführer ich bin, bietet Energie-Contracting an. Das heißt: Wir machen Energiepartnerschaften. Dabei arbeiten wir zum Beispiel mit dem Wohnbauinstitut von xy zusammen. Seit fast zwei Jahren versorgen wir deren Häuser mit Wärme – und von dieser Partnerschaft profitieren beide Seiten. Wir, weil wir natürlich dabei einen Gewinn erwirtschaften. Die Bewohner dieser Wohnungen, weil sie im Jahr im Durchschnitt um 25% weniger Geld für Heizkosten ausgeben.«

Insbesondere bei dieser Rede sollten Sie vorsichtig bei der Wahl von Fremdwörtern sein. Nicht alle Menschen haben den gleichen Wortschatz oder das gleiche Wortverständnis, und Ihre Zuhörer sind in ihrem Bildungsniveau bunt gemischt. Sollten Fremdworte unbedingt zu Ihrer Geschäftssprache gehören, können Sie dies elegant lösen, indem Sie nach dem Fremdwort anfügen »…, das heißt…«. Anbei: Wir benutzen viel mehr Fremdwörter, als uns bewusst ist. Doch Ihre Zielgruppe sind hier keine Techniker. Schon das Wort Amortisation kann für viele im Publikum Unwohlsein hervorrufen.

Ehe Sie nun das Wort dem ersten Redner übergeben, sollten Sie noch kurz einige der wichtigsten Themen des Abends ansprechen (Stichwort »Abholen«). So wissen die Zuschauer, was folgen wird, und fühlen sich in ihrem Kommen bestätigt:

»Wir werden nun den Bürgermeister der Gemeinde hören und nachher einen neutralen Techniker, der uns die technische Seite eines Fernheizwerkes erklären wird. Ich könnte mir auch vorstellen, dass viele von Ihnen heute mit ganz bestimmten Gedanken gekommen sind: Der Rauch des Fernheizwerkes verschmutzt unser Tal! Der Bau bringt Lärm und Zerstörung mit sich! Das kostet uns Wohnungsbesitzer am Ende doch nur einen Haufen Geld! Was Wahrheiten sind oder doch vielleicht nur nicht vollständige Informationen, das werden wir im Laufe des Abends klären. Ich begrüße nun den ersten Redner, Herrn Bürgermeister …«

Nach den Vorträgen der beiden anderen Redner sind Sie wieder an der Reihe – und knüpfen idealerweise ohne weitschweifende Einleitungen übergangslos an Ihren ersten Teil an. Der nächste Punkt im Fünf-Satz ist die Argumentationskette. Begründen und Beispiele bringen. Hier entkräften Sie eines der wichtigsten Gegenargumente: Den Rauch, der angeblich die Luft verpesten soll:

»Es gibt noch einige Details zu klären. Viele von Ihnen fürchten, dass Rauch aus dem Fernheizwerk dieses schöne Tal verschmutzen könnte. Der Techniker hat Ihnen vorhin die neueste Filtergeneration im Detail erklärt. Ich verwende dazu ein einfaches Bild: Der sogenannte Rauch, der nach Filtrierung die Schornsteine des Fernheizwerkes verlässt, ist der gleiche Rauch, der tagtäglich aus einem Elektrogerät in Ihrer Küche kommt. Dieses Elektrogerät benutze ich täglich am Morgen und alle, die auch gerne Tee trinken, werden gleichfalls frühmorgens ihren Wasserkocher einschalten. Das ist es, was aus den Schornsteinen kommen wird: Wasserdampf, zu 99 Prozent nichts als Wasserdampf. Der Schmutz wird in der neuen Filtergeneration festgehalten.«

Mittels eines Bildes und dem anonymen Reden können Sie Gegenargumente interessant und lebendig entkräften – vorausgesetzt, dass der Techniker im Vorhinein diesen Punkt gut, vollständig mit technischen Hintergründen erklärt hat.

Der zweite Punkt, den Sie ansprechen, ist das Geld. Dieses ist teilweise ein Argument für Ihr Vorhaben (weil das Projekt die Heizkosten senkt), zum anderen ist es ein wichtiges Gegenargument mancher Zuhörer, das entkräftet werden muss. Dies ist immer die ideale Kombination. Der Zuhörer glaubt, etwas werde teurer, aber in Wahrheit wird es billiger. Und das ist sehr oft der Fall, speziell bei Energiemaßnahmen. Sehr wichtig ist in diesen Fällen, richtig mit dem Thema Geld umzugehen – in diesem Fall sehr offensiv mit der Flipchart:

»Es gibt noch weitere Details zu klären. Eines davon ist dieses hier:«

Und jetzt zeichnen Sie ohne dabei zu sprechen ein riesengroßes Euro-Zeichen auf die Flipchart, drehen sich wieder zum Publikum und sagen:

»das liebe Geld. Die Kosten im Jahr, die auf jeden einzelnen zukommen würden, wenn dieses Projekt gebaut wird. Kurze Frage: Wer von Ihnen fährt mit dem eigenen Auto zur Arbeit? Hand hoch. Dann wissen Sie ja alle, dass ein Auto eine dauernde Geldvernichtungsmaschine ist. Beim Auto zahlen Sie ja nicht nur das Benzin, da gibt es noch viele andere Kosten: Reparaturen, Versicherung, Steuern, Wartung und, und, und. Im Schnitt kostet uns ein Mittelklassewagen 300 Euro im Monat. Monat für Monat.«

Mit dieser HH-Abstimmung (Kapitel 3) haben Sie ein Bild geschaffen, einen spannenden Übergang zum Kern des Themas: Geld. Sie vergleichen die versteckten Kosten eines Autos – die man selten als Gesamtposition »Autokosten« im Blick hat – mit den Gesamtkosten der Wohnungsbesitzer mit einer Heizung. Die Anschaffungskosten des Brenners, den Brennstoff, die Wartung, den Kaminkehrer, und, und, und. Konkret mit echten Zahlen aus der Statistik belegen Sie diese Kosten und schreiben diese durchschnittlichen jährlichen Kosten auf ein neues Blatt der Flipchart. Nun kommt Ihr Preis, der natürlich entsprechend niedriger sein muss (siehe auch Kapitel Vorteil in Geld umrechnen). Das könnte dann folgendermaßen klingen:

»Bei uns zahlen Sie im Jahr nicht 4600 Euro (jetzt die 4600 auf der Flipchart durchstreichen), sondern 2400 (diese Zahl wird unter der durchgestrichenen Zahl geschrieben). Dieser Preis setzt sich zusammen aus xy 1, xz 2 und xx 3 (hier zählen Sie die Punkte auf, aus denen sich der Preis zusammensetzt). Dazu gibt es noch eine Förderung von Vater Staat für nachhaltige Energieerzeugung, da unser Fernheizwerk mit Biomasse beheizt wird. Also ist der Endpreis für Sie (und jetzt streichen sie auch die zweite Zahl, die 2400 durch und schreiben die definitiven Jahreskosten hin) 1900 Euro pro Jahr. Sie sparen demnach 2700 Euro. Jahr für Jahr.«

Haben Sie diese Schritte richtig gesetzt, sind Ihre Zuhörer sicherlich bereit, Ihr Thema betreffend offen(er) in die Zukunft zu blicken. Anders gesagt: Bevor Sie nicht massive Gegenargumente entkräftet haben, können Sie nicht über zukünftige Maßnahmen sprechen. Nun vereinen Sie die Gliederungspunkte **Fazit** und **Handlungsenergie** in einer Zukunftsvision. In dieser erzählen Sie kurz, wie es ganz konkret weitergeht und eröffnen die Diskussion für noch weitere Fragen.

III. Weiterführende Literatur

Sie möchten sich weiter mit dem Thema Rhetorik befassen? Die folgenden Bücher vertiefen einige der in diesem Buch angeführten Kernaspekte.

Duden: **Reden gut und richtig halten:** Ein Klassiker. Bringt nichts über die moderne Rhetorik, hilft aber anhand von vielen Checklisten und Ratschlägen weiter.

Hermann, Inge; Krol, Reinhard; Bauer, Gabi: **Das Moderations-Handbuch.** UTB: Über den Umgang mit Stichwortzetteln, Interviewtechniken und tückische Technik.

Herschkowitz, Norbert: **Das Gehirn, die wichtigsten Antworten.** Herder spektrum: Zum Einstieg in die Welt des Gehirns. Leicht verständlich. Macht Schluss mit vielen Gerüchten und Fehlannahmen rund um das Gehirn.

Hertlein, Margit: **Präsentieren – vom Text zum Bild.** Rororo: Komplexe Botschaften einfach darstellen. Interessante Techniken zum Umgang mit Diagrammen.

Kellner, Oliver Alexander: **SIM SALA WIN, mit Zauberei verkaufen, begeistern und gewinnen.** Redline Wirtschaft: Das etwas andere Verkaufstraining. Kundengewinnung in den Bereichen Verkauf, Präsentation, Telefonmarketing, Pressearbeit und Zeitmanagement.

Koch, Axel: **Infotainment in Seminar und Präsentation.** Manager Seminare: Sehr interessantes Buch zum Thema Stand-up-Comedy bei Präsentationen. Welche Techniken stecken dahinter, wie kann man diese bewusst einsetzen?

Nollmeyer, Olaf: **Die souveräne Stimme.** Gabal: Für alle, die mit der Stimme arbeiten und Hintergründe erfahren möchten. Mit CD-Rom für interaktives Stimmtraining.

Pöhm, Matthias: **Vergessen Sie alles über Rhetorik.** mvg Verlag: Die moderne Rhetorik auf ihre provokanteste Weise. Mit vielen Beispielen.

Pöhm, Matthias: **Präsentieren Sie noch oder faszinieren Sie schon?** Der Irrtum PowerPoint. mvg Verlag: Über den Nicht-Umgang mit PowerPoint und mögliche Alternativen.

Rossié, Michael: **Frei sprechen.** Econ: Sehr interessante Techniken, um auch ohne ausgefeilte Manuskripte überzeugende und natürliche Reden zu halten.

Schulz von Thun, Friedemann: **Miteinander reden 1–3.** rororo: Das Standardwerk über die Psychologie zwischenmenschlicher Kommunikation. Für alle, die verstehen wollen, wieso wir uns so oft nicht verstehen.

Von Trotha, Thilo: **Reden professionell vorbereiten.** Walhalla Metropolitan: Der Redenschreiber des ehemaligen Bundeskanzlers gibt wertvolle Tipps zum Entwerfen eines guten Redemanuskripts.